高校数学教学与模式创新研究

王有增　杨丽华　罗　林　著

哈尔滨出版社
HARBIN PUBLISHING HOUSE

图书在版编目（CIP）数据

高校数学教学与模式创新研究／王有增，杨丽华，
罗林著. -- 哈尔滨：哈尔滨出版社，2024.9. -- ISBN
978-7-5484-8208-6

Ⅰ. O13 -42
中国国家版本馆 CIP 数据核字第 2024YJ4591 号

书　　名：高校数学教学与模式创新研究
GAOXIAO SHUXUE JIAOXUE YU MOSHI CHUANGXIN YANJIU

作　　者：王有增　杨丽华　罗　林　著
责任编辑：刘　硕
封面设计：赵庆旸

出版发行：哈尔滨出版社（Harbin Publishing House）
社　　址：哈尔滨市香坊区泰山路 82 - 9 号　　邮编：150090
经　　销：全国新华书店
印　　刷：北京鑫益晖印刷有限公司
网　　址：www. hrbcbs. com
E - mail：hrbcbs@yeah. net
编辑版权热线：（0451）87900271　87900272
销售热线：（0451）87900202　87900203

开　　本：787mm×1092mm　1/16　印张：9.5　字数：210 千字
版　　次：2024 年 9 月第 1 版
印　　次：2024 年 9 月第 1 次印刷
书　　号：ISBN 978-7-5484-8208-6
定　　价：48.00 元

凡购本社图书发现印装错误，请与本社印制部联系调换。
服务热线：（0451）87900279

前　言

数学作为学习各种学科的必要工具，一直受到人们的重视。然而，当前在一些高校中，数学课程仍存在着教学形式单一、课堂教学效率低下等问题，使得数学教学难以进一步发展。对此，教师要正视数学教学改革中存在的问题，探究对应的解决方案，对教学方式和课堂内容进行全面且深入的研究，充分利用现代化资源和教学技术，在提高课堂教学效率的基础上推进高校数学教学的发展。

在数学课堂教学中，学生还没有形成良好的数学解题思路，对教师的依赖性较强，受教师教学模式的影响较深，且一般都是套用教师的解题思路和思考问题的方式进行解题。在课程体系的设置上，高校一般将理论类基础数学课程集中安排在大一，并且课程安排得较为紧凑。教师在教学时也一直注重紧跟教学进度，但在一定程度上忽略了对学生数学应用能力的培养，不能切实提高学生的数学逻辑思维和发散思维能力。当前，高校数学教材中的习题通常以理论推导类为主，应用类较少，使得数学教学与生活实际脱节。数学教材中的理论知识通常难以理解，在实践生活中很难找到相关的契合点；学生在课堂教学中无法感受数学内容的本质概念，数学学习较为抽象。这些在很大程度上限制了学生自身数学应用能力的进一步提高。

本书是一本关于高校数学教学与模式创新研究的图书。全书首先介绍了数学学习理论、数学教学中的学生与教师等内容；然后对高校数学教学实施的相关问题进行梳理和分析，包括数学课堂的设计、数学文化融入高校数学教学的实践等；最后对高等数学教学模式的创新、数学教学评价等进行探讨。

本书论述严谨，结构合理，条理清晰，内容丰富，能为当前高校数学教学与模式创新的深入研究提供借鉴。

目　录

第 一 章

数学学习理论

第一节　数学学习迁移理论探析

一、相关知识简介

（一）学习迁移综述

1. 学习迁移的概念

早期的教育心理学学者将学习迁移定义为先前学习的知识与技能对新知识和技能的学习与获得的影响。随着进一步的研究，心理学家发现，后继的学习也会对先前的学习产生作用。当代流行的观点认为学习迁移是一种学习对另一种学习的影响。

这种影响具体表现在知识的学习和技能的形成方面。教师希望学生能够利用迁移把曾经学到的知识迁移到今后的学习中去，利用已有的知识和技能来解决一些"陌生"的问题。

这种影响还表现在学习态度、学习方法等方面。布鲁纳曾经提出，教师的教学态度迁移到学生，直接影响到教学质量和学习的效果。学习方法的迁移主要表现在某种学习的方法形成的模式，也可以用于其他的学习。比如，利用数学中的"问题—假设—验证—结论"的程序可以指导学生分析化学中有关物质检验的方法。

2. 迁移的分类

根据不同的标准，迁移在学习中的影响有不同表现形式，以下针对不同的维度对迁移进行分类：

按迁移的性质可分为正迁移（起促进作用的迁移）、负迁移（起阻碍作用的迁移）、零迁移（不起任何作用的迁移）。

按迁移的时间顺序可分为顺向迁移（先前的学习对后继学习的影响）和逆向迁移（后继学习对先前学习的影响）。

按迁移的内容可分为特殊迁移（具体知识技能的迁移）和一般迁移（原理和态度

的迁移）。比如，学习曲线与方程的内容后，学习圆的标准方程就是一般迁移；而学习函数的单调性、奇偶性、值域后，研究幂函数就是特殊迁移。

按迁移的发生水平可分为侧向迁移（难度和复杂程度都属于同一水平学习之间的迁移）和纵向迁移（难度和复杂程度不一致的两种学习之间的迁移）。

按情境的相似性可分为近迁移（前后两种学习情境之间存在大量的重叠）、中迁移（后两种学习情境之间的重叠量中等）、远迁移（前后两种学习情境之间几乎不存在重叠）。

3. 学习迁移的实质

迁移作为基本的学习现象和教育的目标之一，始终是教育心理学研究的核心课题。由于迁移现象本身的复杂性，研究者从不同的角度来探讨各种形式的迁移，得到的结论也不完全一致。纵观迁移的有关研究，我们可以发现研究重心的转移，从关心迁移的结果到关注迁移的实质；从关注脱离实际情境的、抽象的迁移到关注具体情境的迁移；从关心笼统的群体迁移到关注不同个性的个体的迁移。

一般心理学认为，迁移的实质即概括，即任何学习（包括知识、技能、原理、态度等）的迁移必须通过概括这一思维过程才能实现。概括错了发生负迁移，概括准确了发生正迁移；概括表面现象就能发生的迁移就是近迁移，需要高度概括事物的本质才能发生的迁移就是远迁移。人们常说的"凡是有学习的地方就有迁移"的根本原因在于客观事物总是普遍联系、相互制约，人们在解决新问题时总会用到已有的知识、经验，其过程中必然会发生知识、技能的迁移。作为教师应确立"为迁移而教"的目标，在教学实践中切实为迁移而教，同时使学生"为迁移而学"，让学生运用所学的知识解决问题。

（二）数学学习迁移的含义

迁移是数学学习中的一种普遍现象，因为迁移，学生掌握的数学知识才能以某种方式互相联系起来，并能在解决数学问题中发挥作用。数学知识的掌握在某种程度上改变着已有的数学认知结构，学生对不同数学知识的组合往往可以形成新的知识。诸如此类的数学知识的联系，都是数学学习的迁移现象。

1. 数学学习迁移概述

数学的知识都是互相联系的，旧知识是新知识的基础，新知识是旧知识的延伸和发展。数学学习的迁移过程是数学知识相互作用、逐渐整合的过程。任何数学知识的获得都不是一蹴而就的，而是在较长的时间内逐渐获得的。不仅如此，数学知识、技能间也存在着迁移。

2. 数学学习迁移的作用

数学学习迁移在数学学习中的作用主要体现在以下方面：

第一，有助于建立知识联系，形成数学认知结构，生成数学新知识。将习得的数学知识彼此之间建立广泛而牢固的联系，使其系统化、概括化。形成稳定、清晰、可利用的数学认知结构，能够有效吸收数学新知识，并向自我生成数学新知识发展。在数学学习中发展数学思维，应用所学的知识解决数学问题是数学学习的目的，也需依靠数学学习迁移来实现。在应用数学知识的过程中，在迁移的作用下可使已有的数学认知结构得以再组织，使其抽象度和概括性更高，也更加完善，可在之后的数学活动中更好地发挥作用。

第二，有助于数学知识、技能转化为数学能力。数学能力作为一种能有效调节数学活动进程和方式的心理活动特征，它的形成依赖学生对数学知识技能的掌握程度，更依赖其概括化、系统化。迁移发生在新旧知识的相互作用中，数学知识技能的掌握和类化也通过迁移得以实现。

二、数学学习迁移的影响因素和教学策略

（一）数学学习迁移的影响因素

1. 数学知识技能

数学知识技能主要包括两个方面：

第一，数学学习材料的相似性。实现迁移需要通过对新旧学习中的经验进行分析、抽象，概括出其中共同的经验成分。心理学的研究表明，学习材料相似程度决定着迁移范围和效果。学习材料之间的共同因素愈多，迁移愈容易发生。问题的相似性可分为表面相似和结构相似。如果两个材料有共同的结构成分，则产生正迁移，否则不能促进正迁移。学习材料之间的相似性是由共同因素决定的，共同因素越多，相似性越高。但不管是表面相似还是结构相似，都将增加学生对两个材料的相似程度的知觉，而知觉的相似性决定了迁移量。两种情境的结构相似决定了迁移的正或负。

第二，数学思想方法。数学思想是数学活动的基本观点。数学方法是在数学思想的指导下，为数学活动提供思路和逻辑手段以及具体操作原则的方法。数学思想方法也是数学知识发生过程的提炼、概括、抽象和升华，是对数学规律的一般认识。而数学思想方法比数学知识具有更高的概括性和包容性。经验泛化说认为：知识方法的概括是促进迁移的重要因素。掌握好数学思想方法，就能触类旁通，促进同类问题的学习迁移。

2. 学生自身的因素

学生自身的因素主要包括三个方面：

第一，学生的数学认知结构。所谓数学认知结构，就是经过学习者对外显知识的感知、理解、内化进而贮存在自己长时记忆中的、相互联系的陈述性知识、程序性知识和过程性知识组成的结构。从某种意义上说，数学的认知结构就是对数学知识的表征。陈述性知识的表征是图式，包括命题网络、表象表征和线性序；程序性知识的表征是产生式；过程性知识的表征则是关系和概念表征。学习者在一定情境中习得的知识与经验在自己头脑中的稳固程度直接制约着迁移的发生。

第二，学生的数学经验概括水平。数学学习的迁移是一种从学习中习得的数学活动经验对另一种学习的影响，也就是已有经验的具体化与新课题的类化过程或新、旧

经验的协调过程。已有数学活动经验的概括水平对迁移的效果有很大影响。一般来说，概括水平越低，迁移范围就越小，迁移效果也越差；反之，概括水平越高，迁移范围就越大，迁移效果也越好。

学习者对数学材料的概括可分为3种形式：

（1）强抽象概括模式

指先前学习的一般规则，利用这个规则去学习另一个新的规则或解决一个具体问题，而这个新的规则或具体的问题是先前规则的特例。这是数学学习中常见的概括模式，学习了定理、公式后，运用其解决问题，都是这种概括方式。此模式的心理过程为观察新问题的结构特征，联想有关的材料，比较它们的异同，抽象出共同的原理，从而实现迁移。

（2）弱抽象概括模式

指学习了规则的一个特例，再学习这条规则或更一般于该特例的问题，后面材料是前面材料经过弱抽象得到的。比如，在学习了等差等比数列的和后，研究一般数列的求和问题。其心理过程为观察要学习的材料的结构与特征，辨认学习过的实例的共同属性，抽象出实例的本质属性，归纳出两种材料的共同原理。

（3）广义抽象概括模式

指学习了一个规则，在学习另一规则或解决问题时要用到迁移规则，前后的规则之间没有包含关系，但前后材料存在一个共同的原理。它的心理过程为观察学习材料的结构和特征，联想与之相关的、先前学习的规则或更一般的规则，识别这三者的异同，从而实现迁移。

第三，学生的数学学习定势。定势也叫"心向"，是先于一定的活动而指向一定活动的动力准备状态。定势是指向一定活动的动力因素，它使学生倾向于在学习时以一种特定的方式进行反应。实际上，它是关于活动方向选择方面的一种倾向，它本身是一种活动经验，因此对迁移来说，定势的影响既可以起促进作用，也可以起阻碍作用。一般来说，后续作业是先前作业的同类课题时，定势对学习能够起促进作用。数学教学中，我们往往利用定势的这一作用，循序渐进地安排一组具有一定变化性的问题，促使学生掌握相关数学知识和学习方法。

3. 教师的教学

教师的教学包括以下两个方面：

第一，教师传授知识的准确性。教师传授知识的准确性取决于其自身对知识、方法的理解和课堂语言表述。尤其是在数学概念教学中，教师将概念讲解得透彻，可帮助学生理解其本质，促进正迁移，反之，易产生负迁移。通常来说，学生在教师指导下的练习量越大，就越有可能产生积极迁移的效果。同时，在许多情境中，教师给学习者提供的指导越多，迁移的效果越大。

第二，教师教学方法和教学设计。教师根据学生的情况，针对相应内容选择恰当的方法，可以引导学生积极开展思维，主动获取知识，达到开发智力和培养能力的良好效果。反之，教学方法不合理，易使学生思想僵化，引发负迁移。教学中，教师应从学生的已有经验出发，引导学生理解知识。教学中，教师应揭示一般原理的形成过程，帮助学生概括、总结经验，逐步提高其概括能力，促使其形成良好的认知结构，从而达到增强迁移的效果。

（二）提高数学迁移能力的教学策略

1. 培养学生学习数学的兴趣和积极态度

诱发学习迁移兴趣可以唤起学生的学习动机，改变其学习态度，能激励学生积极探索、牢固记忆、敏锐观察，能促使学生大胆提问、细心研究、有效解决问题，更能有效地促使学习迁移的诱发。教学中，教师可从以下几方面培养学生学习数学的兴趣。

第一，以教师的人格魅力吸引学生，建立和谐的师生关系。学生对教师的兴趣和情感可以直接迁移到学习中。作为教师，应拥有宽广的胸怀，对学生的个性给予充分尊重，对其精神世界给予信任。这样容易赢得学生的喜爱和信任。

第二，利用生活知识迁移数学知识，增强数学学习的趣味性。数学中的许多定理都可以从生活中找到来源，并能应用到生活中。作为数学教师，应秉承着"数学从生活中来，到生活中去"的理念，利用生活理论实现生活到课本知识的迁移，使数学课堂丰富多彩，妙趣横生。

2. 抓"双基"的掌握和记忆，创造联想的条件

首先，加强"双基"落实是思维联想的前提条件。基础知识和基本技能是思维联想的基础，也是数学解题的重要依据。在教学中重视"双基"，并反复强化，那么学生在解题时，就会迅速地联想到有关基础知识和基本技能，从而促进对问题的解决。在数学学习中，我们应当强调学生对基础知识的掌握程度，即要强调理解抽象的、概括水平高的数学基本概念、原理、公式、法则等以及由内容反映出的数学思想方法。领会数学基本概念是通向适当的"训练迁移"的大道。

其次，加强知识间联系和强化记忆有利于增强知识的可利用性。把新记忆的基础知识依据不同的性质"串起来"，就不易被遗忘。

3. 提高数学概括水平，实现学习迁移的根本条件

迁移的实质是概括，越是概括的知识迁移范围越广。正如布鲁纳指出的，所掌握的知识越基础，对新学习的适应性就越广泛，迁移就越广泛。概括性在数学思维中有着重要的作用，概括水平成为衡量数学思维发展等级的标准。

（1）在数学概念的学习中提高概括水平

在数学学习中，我们应重视基本概念、基本原理的理解，重视数学思想方法的掌握，其意义就在于这些知识的概括水平高，容易实现效果良好的迁移。

在新知识的学习过程中，已有认知结构中具有概括水平高、包容范围广、能够起固定作用的有关知识，而且这些知识是清晰、稳定的，是新知识学习的重要条件。已有认知结构的概括性高，新旧知识的本质差异或相似性就容易辨别。

在解题的迁移过程中，能否概括出源题和靶题的共性是能否产生迁移的关键因素。许多研究表明，学生在学习中的困难并不是学习本身，而是由于缺乏对问题间的共同

原理的概括意识和概括能力。当不告诉学生两个问题有共性时，他们的迁移量很低，当描述了两个不同领域中类似问题间的共性时，他们的迁移量很大。心理学家以专家和新手作为被试，对学习情境的结构相似性和表面相似性进行了深入的研究。结果表明，当两种学习情境具有结构相似性，但表面不相似时，专家比新手更易产生正迁移。

专家往往善于从抽象的结构水平把握相似性，较少受表面特征的干扰。他们善于从深层结构去理解知识，把知识与其应用的条件、应用方式结合起来，从而准确地把握知识的功能。在教学实际中，教师应该以提高数学知识的概括水平，实现高效迁移。

（2）倡导"主动"的学习方式，实现有意义的学习

改变学生的"接受式学习方式"，转变为"主动参与学习和意义建构"，充分调动学习的积极性和创造力。比如，我们可以在学生中建立固定的数学小组，开展学习方法和学习经验的交流，以学习小组为单位开展数学知识的课外学习。利用学生与学生之间的相互作用，促进学习的迁移。小组活动可以针对作业中的难题进行小组讨论，可以针对练习中的错题、一题多解等进行研究，还可以在组员之间进行订正互查等。

4. 建立完善的数学认知结构，实现学习迁移

（1）精深加工陈述性知识，促进正迁移

大量的心理实验证明，精深加工对程序性知识的记忆有促进作用。对知识的精深组织，会赋予一个知识点更多的信息，使它与其他知识建立外显或内隐的联系，从而有适合自我提取信息的线索。

在高校数学教学中，教师需按照学生现有思维发展和认知水平进行教学，以旧知识引入新知识，引导其分析新知识时，时刻联系相关的旧知识。

（2）透彻理解数学概念的本质属性，防止负迁移

在数学学习中，我们必须在学习的每个环节中都注意新旧知识的联系，将已有的知识作为教学的出发点，并将其激活，应用于新的学习中。同时，我们必须注意防止旧知识的负迁移。

5. 科学选择样例组织教学，课堂中培养学生的迁移能力

样例学习是指学生学习教师提供的样例，然后解决问题。样例作为一种教学手段，它给学习者提供了专家的问题解决方法以供其研习模仿。数学上一般以多样例的教学形式为主。数学样例教学是指教师贯彻样例教学思想，借助各类型数学样例，引导学生把握数学对象本质的教与学的双边活动。学习者在解决新问题时，将新问题与学习过的样例进行类比，寻找解决问题的方法。样例包含的信息包括内在原理信息和表面内容信息，内在原理信息指问题包含的内在结构或关系，表面内容信息指问题涉及的事物、形式等具体内容。多数研究承认结构相似性对通达和应用的影响，而表面内容对通达和应用的影响有不同的观点。

6. 精心组织练习，促使学生触类旁通

知识学习的目的是应用知识解决问题，教师在传授知识后应该精心组织练习，帮助学生概括、总结，增强迁移的效果，让学生形成自动化的技能，实现学习知识的"类化"。

第二节　反思性数学学习理论分析

一、反思性数学学习的有关概念界定

（一）数学反思与反思性数学学习的概念界定

1. 反思与数学反思

从元认知的角度来研究反思和数学反思，能比较全面地透视反思和数学反思的本质。反思就是认知者对自身思维活动过程和结果的自我觉察、自我评价、自我探究、自我监控、自我调节；数学反思就是认知者在数学思维过程中对自己数学认识过程的自我意识、自我评价、自我探究、自我监控、自我调节。数学反思是以反思的体验、反思的知识和反思的技能为基础，并在对数学认知过程中的评价、控制和调节中显示出来的高层次思维活动，它对数学认知活动起指导、支配、决定、监控的作用。通过分析数学反思的过程，我们可以知道，数学反思的知识、技能与内容是其要素。这些要素是在数学反思体验的基础上形成发展起来的。

2. 反思性数学学习的含义及基本特征

（1）反思性数学学习的概念

反思性数学学习是通过对数学学习过程的反思来进行数学学习。这是一种有效学习数学的方式，也是一种从认知的角度对反思性数学学习下的定义。

当代认知心理学则从元认知的角度来讨论有关反思的概念。用元认知的理论来描述，反思性数学学习就是学习者对自身数学学习活动的过程，以及活动过程中涉及的有关事物（如材料、信息、思维、结果等）的学习特征的反向思考。

从元认知的角度来认识反思，反思就不仅仅是对数学学习一般性的回顾，而是深究数学活动中所涉及的知识、方法、思路、策略等，具有了科学研究的性质；反思不仅仅是为了回顾过去或培养元认知意识，更重要的是指向未来。尤其是今天，当我们以创造性意识和解决问题的能力来衡量和评价学生的数学学习成绩优劣的主要标准时，更应该重视引导和激励学生在数学活动中进行反思性学习。实际上，研究已经表明，数学学习活动过程不仅包括认知方面，而且存在着情感和行为等方面的因素。情感是认知活动的基础，情感体验影响着学生的认知过程，积极的情感体验能促进其行为和认知的参与，因此，我们应该从行为、认知和情感三方面进行反思性数学学习。在此，我们不妨认为反思性数学学习的概念应该由数学学习的认知反思、情感反思和行为反思三方面组成。所谓数学学习的情感反思，就是对数学学习的活动过程的情感体验的反思；所谓数学学习的认知反思，就是对数学学习活动过程中涉及的知识、方法、思路、策略等的反思；所谓数学学习的行为反思，就是对数学活动过程中的行为表现、努力程度的反思。

反思性数学学习是学习者对自己数学学习过程的认知和自身的学习行为、学习情感的反思进行的数学学习，是一种学习者充分利用自己的心理和行为投入数学学习的主动学习方式。

（2）反思性数学学习的基本特征

①探究性

反思不仅仅是"回忆"或"回顾"已有的心理活动，而且要找到其中的"问题"以及"答案"。也就是在考察自己的数学活动经历中探究其中的问题和答案，重构自己的理解，激活个人的智慧，并在活动所涉及的各个方面的相互作用下，产生超越已有信息以外的信息。反思性数学学习的灵魂是"提出问题—探究问题—解决问题"。探究性是反思性数学学习的基本特征。

②自主性

反思性数学学习的整个过程是学生自主活动的过程。它以追求自身学习合理性为动力，进行主动的、自觉的、积极的探究。学生既是"演员"，又是"导演"，自始至终都是真正的主人。它是建立在学生具有内在学习动机基础上的"想学"和建立在学生意志努力基础上的"坚持学"，因此，反思性数学学习具有很强的自主性。

③发展性

常规性学习是学生凭借自己有限的经验进行简单的、重复的、直觉的操作活动，它以"学会知识"为目的，关注的是学习的直接结果，即眼前的学习成绩；而反思性数学学习是一种复杂的、探究的、理性的学习活动，它以"学会学习"为目的，既关注学习的直接结果，又关注学习的间接结果，即学生眼前的学习成绩和学生自身的未来发展。另外，常规性学习只要完成了学习任务，就达到了学习要求，而反思性数学学习不仅要完成学习任务，而且要使学生的理性思维得到发展。

④创造性

学生通过反思对问题及解决问题的思维过程进行全面的考察、分析和思考，从而深化对问题的理解，优化思维过程，揭示问题本质，探索一般规律，沟通知识间的相互联系，促进知识的同化和迁移，进而产生新的发现。反思是一种积极的思维活动和探究行为。反思可以拓宽思路，优化解法，完善思维过程。反思是同化，是探索，是发现，是再创造。历史上的许多数学发现就是在反思过程中获得的。

⑤批判性

不管探究的结果如何，数学学习反思总是带有自我否定的色彩。正是因为学习出现了问题，所以学习不能顺利进行，才需要仔细检查学习的过程和结果。这在一定的程度上是自我"揭短"，从新的层次、新的角度看到自己的不足，是诱发痛苦的行为，更体现了反思者进行自我解剖、自我批判的勇气。

⑥情境性

数学学习反思是基于数学学习活动具体过程的，没有一成不变的反思。学习者反思时需要考察学习过程中的背景及自己学习的心态、做法，应因不同的学习特点而有不同的反思，数学学习反思带有随机和灵活的特点，决定了其方法的多样性和模式的开放性。

（二）反思性数学学习与相关概念的辨析

反思性数学学习就是学习主体对自身学习活动的过程，以及活动过程中所涉及的事物、材料、信息、思维、结果等学习特征的反向思考。反思性数学学习能提高学生的元认知水平，使学生的理性思维得到提高；反思性数学学习是主动的、积极的。反思性数学学习以"学会学习"为目的，既关注学习的直接结果又关注学习的间接结果，即眼前的数学成绩和学生未来的发展。

1. 反思性数学学习和操作性数学学习

反思性数学学习可以说是针对操作性数学学习的，这两种学习形成鲜明对比。反思性数学学习就是通过对数学学习活动的反思来进行数学学习，它是一种有效的学习方式。而操作性数学学习是学生凭借自主有限的经验进行简单重复的学习活动。这种学习活动所依赖的是那些不成熟的经验，进行自动化的、直觉的操作活动，它是一种传统的数学学习方式，如机械接受式数学学习方式就属于操作性数学学习。在操作性数学学习中，大多数学生在活动中做出的决策是刺激－反应式的而非反思的，直觉的而非理性的。反思性数学学习的基本特征是它的探究性，就是在考察自己活动的经历中探究其中的问题和答案，重构自己的理解，激活个人的智慧，并在活动所涉及的各个方面的相互作用下，产生超出已有信息以外的信息。

操作性数学学习是相对单一的学习，而反思性数学学习是多维的学习；操作性数学学习只要完成了学习任务就达到了要求，而反思性数学学习不仅要完成学习任务，而且要使学生的理性思维水平得到提高；操作性数学学习是被动的、消极的，而反思性数学学习是主动的、积极的；操作性数学学习以"学会知识"为目的，关注学习的直接结果，即眼前的学习成绩，而反思性数学学习以"学会学习"为目的，既关注直接结果，又关注间接结果，即眼前的学习成绩和学生自身未来的发展。实际上，如果不能"学会学习"，就不能真正"学会知识"。显而易见，操作性数学学习的含金量不够，而反思性数学学习更具有启智价值，含金量高。同时，反思性数学学习的优势在于可以帮助学生从刻板的学习行为中解放出来，帮助他们学会学习数学，可以使学生的数学学习成为有目标、有策略的主动行为，可以使学习成为探究性、研究性的活动，增强学生的能力，提高个人的创造力。反思性数学学习体现了当前倡导的主体性教育理念（把发展学生的主体性、能动性、创造性及促进教育过程的民主化、个性化放在中心地位）。最后，反思性数学学习有利于学生在学习过程中获得个人体验，使他们更加成熟，促进他们全面发展，体现了全面发展教育的理念。

但是目前数学教学中最薄弱的正是数学的反思性学习这一环节，但它的确是数学学习活动的最重要的环节。由于数学对象的抽象性，数学活动的探索性，数学推理的严谨性和数学语言的特殊性，决定了正处于思维发展阶段的学生不可能一次性把握数学活动的本质，所以必须经过反复思考、深入研究、自我调整，即坚持反思性数学学习，学生才可能洞察数学活动的本质特征。

2. 反思性数学学习和探究性数学学习

在我国，关于探究性学习的界定，有学者认为是学生在教师指导下，以类似科学家进行科学研究的方法去获取知识的一种学习形式；有学者认为，其实质上是将科学领域的探究活动引入课堂，使学生通过类似科学家的探究过程来理解概念和探究的本质，培养学生的探究能力的一种特殊教学方法。

综上所述，探究性数学学习实质上是一种模拟性的科学研究活动，具体地说，它是指学生在教师所创设的教学情境下，通过实验、观察、操作、调查、信息搜集、表达和交流等探究活动而获得知识，发展情感和态度，培养学生应用数学和创新数学的能力和意识的过程，是学生自主独立地发现数学问题、分析数学问题和解决数学问题的过程。教师不应直接把构成教学目标的有关概念和认知策略告诉学生，取而代之，教师应创造一种智力和社会交往环境，让学生通过探索发现来开展学习。

反思性数学学习可以帮助学生学会学习，使学生的学习成为探究性、研究性的活动；可以增强学生的能力，提高学生的创造力，促进他们的全面发展。探究性学习以学生自主地进行问题解决为主要形式，它是一种培养学生创造力的有效的学习方式。反思性数学学习体现了探究性数学学习的本质特征。

第一，探究性数学学习的本质特征之一在于它是一种学生积极主动地发现问题并解决问题的实践活动。探究以问题提出为起点，在数学问题解决过程中，一些开放性问题或一些结构不良的问题最适合学生进行探究性数学学习，这些问题基于学生已有的知识经验有一定的联系，但凭借已有的知识又不能完全解决，容易激发学生的认知冲突，符合学生的思维水平，并体现了一定的思维张力与思维容量，具有探究的必要和价值。由于学生现有的知识不能解决这类问题，所以学生必须获得一些新知识以满足解决问题的需要，让学生体会"跳一跳，摘到果子"的喜悦，并培养学生解决问题的能力。然而在探究数学问题解决的过程中，主体解决问题的过程并不是一帆风顺的。在很多时候会遇到障碍，阻碍问题的解决过程。此时，主体会对自己的活动进行考察、思考，重构对问题的理解，寻找恰当的解题策略，追求优化和方法的迁移，促使认知结构更加完善，以此来达到解除障碍、推动思维的进程。这就是进行反思性数学学习的过程，因此，无论在数学问题的探究过程，还是已经取得的探究结果，在整个数学探究性学习过程中，反思性数学学习都发挥着重要的作用。

第二，探究性数学学习是一个学生自主进行知识建构的过程，这是探究性数学学习的另一本质特征。探究性数学学习让学生从已有的认识基础出发，通过对探究式材料的学习，获得对事物或现象的意义的理解，这是积极的建构过程。它要求学生不断激活自己已有的知识经验，以已有经验为基础，主动地对外部信息做出选择和加工，并通过新信息与已有知识经验的充分相互作用，建构理解。同样，在反思性数学学习中，学生在将新信息与已有知识经验之间建立联系的基础上，运用批判思维、逻辑思维和反思性思维对遇到的现象做出积极分析、推理和思考，并以此为基础，重新提出各种假设，然后通过亲自设计并进行实验，通过各种手段收集数据，以检验假设的合理性和有效性，形成自己的解释。反思在学生知识建构过程中起到了很重要的作用。

综上，因为反思性数学学习体现了探究性数学学习的两大本质。反思性数学学习是一种探究性学习。

（三）反思性数学学习的研究价值

数学的特点是内容的抽象性、应用的广泛性、推理的严谨性、结论的明确性以及探索性等，其中最本质的特征是内容的抽象性。数学学习材料是抽象化的思想材料。这种学习材料的抽象性必然导致数学学习的困难，学习者不可能一次性把握数学知识的本质，必须具有一定的毅力，通过反复思考、不断探究、自我调节心理（包括情感和认知两方面）和行为，即进行反思性数学学习，学习进程与学习目标保持较好的一致性。所以，反思性数学学习是一种符合数学学科特征的学习方式。它是一种有效的学习方式，在理论和实践方面具有较高的研究价值。

1. 反思性数学学习与反思性教学相得益彰

反思性教学是对教学实践的思考、分析和评价，是教师实现自我发展的有效途径。最近几十年，反思性教学受到教师和其他教育研究者的高度重视。数学教学师资发展的研究也从数学教学理论的构建和教学技能的训练转向了对"教师思维"的研究，即重点培训教师的反思性思维。毫无疑问，在反思性教学得到数学教师和教育研究者高度重视的今天，我们应当考虑培养学生的反思性思维，引导学生进行反思性数学学习。在数学教学中，我们提倡反思性教学是因为反思性教学是教师再学习的过程，是教师自己的学习与提高的过程。反思促使教师不断质疑，吸收别人先进的经验和理论并实践，借以改善自己的教学技能和技巧，提高教学效果。从这个意义上来看，反思性教学是教师自我改进、自我完善、自我管理和实现自我发展的一种有效途径。目前，我国所提倡的数学教学目标是培养学生自主学习或终身学习的能力。自主学习或终身学习，从本质上来看是学习者自我改进、自我完善、自我管理和自我发展的一个过程，因此，在数学教学过程中，我们要培养学生的自主学习和终身学习的能力，首先要培养学生的反思性数学学习的能力。换句话说，就是改变传统的数学学习方式为反思性数学学习，要把学生培养成具有开放性思维、高度责任心和敬业精神的学习者。

反思性数学教学是教师实现自我发展的一种有效途径，也是提高数学课堂效果的一种有效方法。但是在努力提高教师专业素质，革新教学方式、方法的同时，我们不能忽视数学教学的另一方面——学生的学习。将反思性数学学习的培养纳入数学教学，不仅可以提高教学效果，还可以帮助学生学会学习，培养自主学习的能力，树立终身学习的观念。

2. 反思性数学学习可促进学生的数学学习成长

长期以来，由于对学生学习过程认识上的不足，教师对如何使学生学会学习，如何改善学生的数学思维能力等方面存在着许多偏差。在传统的数学实践中，教师通常采用操作性的教学方式，对内容反复讲解，学生被动接受，致使其学习和能力培养与脱节的现象比较普遍。教学反思使教师形成自我反思的意识和自我监控的能力，能及时总结、反省、修正与控制课堂教学进程的方法和技能，对学生学习进程的反馈敏感性强烈，在整个教学过程中能对教学活动进行有意识的审视的评价，保持对教学过程的敏感性和批判性。教学反思旨在帮助数学教师改进教学，使学生实现学习方式的转变，积极探索新的学习方式，使学生成为学习的主人。在数学反思性教学中，教师引导学生对数学问题条件、解题方法、解题过程和结论等的反思来培养学生反思的习惯，从而提高学生的元认知能力（反思能力），通过学生对数学学习的反思进行数学学习就是进行反思性数学学习。学生反思的发展水平（元认知的发展水平）直接制约着学生的智力、思维的发展。教师的反思与学生的反思紧密相连，教师的教学实践是在一定的教学情境中和学生一起从事的"反思性思维＝探究活动"的教学实践，学生可以观察教师的教学反思以及这种反思带给自己的感受，能够促使学生进行反思性数学学习，学习到更多东西。经常采用反思性数学学习对学生的数学学习成长有着更大的作用。

3. 反思性数学学习可以促进教育教学改革

在国际竞争日益转化为知识经济竞争之际，我国提出了科教兴国战略，实施以培养创新精神和实践能力为核心的素质教育。我国基础教育本着新的时代使命，与时俱进，开展了一系列教育改革，无论是基础教育课程改革还是教育评价，都指向学校教育要通过改变学生的学习方式来培养全面发展的人。当前，数学学习中的反思能力的培养是近年来的一个课题。

教学反思和反思性数学学习正是试图消除传统的经验型教学和操作型教学的弊端而产生的，其意义在于开辟了提高教育教学质量的新途径。这为教育教学改革提供了另一种思路。

在具体的教学实践中，教师在数学课堂教学中有意识地引导学生主动地对数学问题、数学解题结果、数学思维过程及所采用的解题方法等进行反思，有利于学生数学思维能力水平的提高。同时，数学教学改革的重心之一就是进行学习方式的变革。其目的就是倡导学生进行主动学习、主动探究、主动反思。这正是反思性数学学习所提倡的，因此，反思性数学学习可以促进教育教学改革。

二、反思性数学学习的有关理论依据

（一）主体性教育理论

主体性教育理论无论在教育目的上，还是在教育过程中，都把发挥人的主体性摆在了十分突出的位置。教育者的任务不仅在于传授知识，更为重要的是要在教育过程中充分激发和调动学生的能动性、自主性和创造性。而反思性数学学习就是通过对数学学习活动过程（或思维过程）的反思来进行数学学习的。反思就是一种思维活动，是思考，是考虑。反思过程就是主体的一种探究过程。探究活动就必然需要调动学生的积极性、主动性，落实学生的主体地位，使学生成为学习活动的主体。要想在中学教学过程或学习过程中体现主体性教育理念，倡导进行反思性数学学习是很有必要的。主体性教育理论是反思性数学学习应该遵循的基本理论之一。

（二）奥苏伯尔的认知学习理论

美国认知教育心理学家奥苏伯尔认为，学习过程是在原有认知结构的基础上，形成新的认知结构的过程，原有的认知结构对于新的学习始终是关键的因素；一切的学习都是在过去学习的基础上产生的，新的概念、命题等总是通过与学生原有的有关知识所相互联系、相互作用的条件转化为主体的认知结构。奥苏伯尔的认知学习理论认为，学习是认知结构的组织和再组织，强调原有认知结构的作用。

1. 反思性数学学习是以学生原有的认知结构为基础的学习

所谓认知结构，是知识信息借以加工的依据，可以简单地认为是头脑中形成的经验系统。学生的认知活动按照一定的阶段顺序形成，当其发展成对事物的结构认识后，就形成认知结构。学生在学习数学时，都以自己原有的认知结构为依据，将新知识进行加工。如果新知识与原有的数学认知结构中的知识相联系，通过新旧知识的相互作用，新知识被纳入原有的数学认知结构，这一过程称为同化。如果新知识在原有的认知结构中没有知识和它联系，其就对原有的数学认知结构进行改组或部分改组，进而形成新的数学认知结构，并接纳新知识，这个过程叫作顺应。由前所述，反思性数学学习是学习者对自己的数学学习过程的反思进行的数学学习。既然是反思，必然有着反思的内容，即反思什么。不难理解，学生反思的内容不外乎数学学习过程中所运用的数学概念、定理、公式、方法等，而这些内容是构成数学认知结构的重要内容。离开了这些内容（如学生头脑中原有的概念、定理、公式及数学思想方法等），学生将无法学习，更谈不上对数学学习的反思了。一般来说，学生进行反思性数学学习时，需要在原有的认知结构中有旧知识可用来加工新知识，并且能积极主动地进行一系列分析、综合的思维活动，以期获得新知识，并加深对旧知识的理解。因而，学生的原有认知结构是进行反思性数学学习的关键。

2. 反思性数学学习是一种有意义学习

奥苏伯尔提出了有意义学习的理论。他认为，产生有意义学习的条件：第一，学习材料必须具有逻辑意义；第二，学生必须具备有意义学习的意向，即学生必须把新知识与已有认知结构中的有关知识加以联系的倾向性；第三，学生的认知结构中必须具有知识，以便与新知识进行相互作用；第四，学生必须主动使新知识与认知结构中已有的有关知识发生相互作用，从而把新知识同化（或顺应）到已有的认知结构中。他强调，学生原有的知识情况是决定新的学习的最重要的因素，他指出，如果我不得不把全部的心理学还原成一条原理的话，那么我将会说影响学习最重要的因素是学生已经知道了什么，根据学生原有的知识状况进行教学。如果学生在接受新知识时与原有的知识有脱节现象，教师必须做好"架设认知桥梁"的工作。为此，奥苏伯尔提出"先行组织者"的教学策略。使用先行组织者的目的：第一，为新知识的学习提供可利用的固着点，即唤醒学习者认知结构中与新知识学习有关的旧知识或旧观念，增强旧知识的可利用性和稳定性。第二，说明新旧知识之间的本质区别，增强新旧知识之间的可辨别性。"先行组织者"在促进学生知识的获得和学习的迁移等方面都有着重要的作用。

反思性数学学习的实质就是对所学习的内容进行思考，深挖新学习的知识与原有知识之间的实质性联系，理解由符号所代表的数学内容和方法，并能融会贯通。这种学习就是有意义学习。

三、反思性数学学习的模型与内容

(一) 反思性数学学习的认知反思模型和基本环节

1. 反思性数学学习的认知反思模型

反思的过程是元认知的过程，也是问题解决的过程。认知反思是对数学问题解决过程中主体所采用的各种认知策略的合理性所进行的反思。反思性数学学习的认知反思模型如下：首先，学生反思自己的数学学习过程和结果，包括回顾学习过程，检查学习策略，检验学习结果等。其次，学生自我评判学习过程是否完善。如果是，并不意味着反思活动终止，而是进入总结提高阶段。这里包括总结经验、提炼方法、优化探索、深化拓展等；如果不是，就进入察觉问题阶段。接下来，学生通过分析、假设等方法界定问题，再通过搜索、探究等方法确定解决问题的对策。最后，学生通过实践来检验所采取的策略是否正确。如果是，就进入总结提高阶段；如果不是，则进入再反省阶段，开始新的周期。

2. 反思性数学学习的基本环节

根据反思性数学学习的模型，其基本环节可以概括为以下七个阶段。

（1）反省阶段

学生通过回顾数学学习过程，检查数学学习策略、数学学习结果等，以反省自己的学习过程和结果。这一阶段是反思的开端，其发生的前提是学生有反思的意识，能够自觉反思。

（2）评判阶段

学生对自己的学习过程和结果做出判断，如方法是否恰当，答案是否正确，思路是否清晰等。如果认为自己的学习过程是完善的，就进入总结提高阶段；如果认为自己的学习过程是不完善的，就进入察觉问题阶段。

（3）察觉问题阶段

学生意识到问题的存在，内心产生怀疑、困惑、焦虑等不适感受，并试图改变这种现状。这一阶段的任务是能够使学生意识到问题的存在，并明确问题所处的情境。

（4）界定问题阶段

此阶段的学生应广泛搜集并分析有关的经验，特别是关于自己活动的信息，以批判的眼光反观、反省自身，包括自己的思想、行为、信仰、价值观、目的、态度和情感等。在获得一定的信息以后，对它们进行认真的分析，找出问题的根源，并提出假设。

（5）确定对策阶段

通过分析，学生认识了问题的成因之后，开始积极寻找新思想和新策略来解决面临的问题。通过接受大量新的信息，学生不断挖掘新信息的内涵和外延，产生更有效的概念和策略方法。由于这时学生寻找知识的活动是有方向的、有针对性的，是聚焦式的，是自我定向的。因而，这个阶段对学生的理论学习和实际能力的提高有很大的促进作用。

（6）实践验证阶段

实践是检验真理的唯一标准。学生通过实践检验以上阶段所形成的概念和策略方法，如果能够解释或解决当前的疑惑，说明检验成功，问题解决了，进入总结提高阶段；如果不能，或者在检验中遇到新的问题，则进入了反省阶段，开始了新的循环。

（7）总结提高阶段

学生通过总结经验、提炼方法、优化探索、深化拓展等方法优化自己的思维过程，调整自己的认知结构。

在以上七个阶段中，察觉问题阶段是关键阶段。反思集中体现在界定问题阶段，但它只有和其他阶段结合，才会更好地发挥作用。在实际的反思活动中，以上七个阶段往往前后交错，界限不分明。

（二）反思性数学学习的反思内容

在数学学习中，反思是发现的源泉，是训练思维、优化思维品质的好方法，是促进知识同化和迁移的可靠途径。在反思性数学学习中要反思什么，即如何进行反思，学生又是怎样进行反思性数学学习的。它们是教师进行教学和学生进行反思性数学学习首先要明确的问题，也为学生反思性数学学习的培养提供方向和针对性。从整个过程来看，反思包括认知、情感和行为三个方面，因此，我们要研究数学反思的内容，应从数学学习的认知反思、情感反思和行为反思三个方面着手。从认知方面看，数学思维活动有三个要素，即数学思维的对象、过程和结果，因此，数学反思也可相应分为对数学思维活动对象、过程和结果的反思。对数学思维活动对象的反思包括对数学问题特征进行反思；对数学问题所涉及的数学知识、思想方法的反思；对数学命题、数学语言以及与数学思维活动有联系的问题的反思。对数学思维活动过程的反思包括对思考的过程的反思、理解的过程的反思、推理的过程的反思、运算的过程的反思、想象的过程的反思。对数学思维活动结果的反思包括对解题思路的反思、对语言表述的反思以及对数学结论的反思。

1. 要求学生对自己的数学学习认知方面进行反思

从认知方面分析反思，数学反思的内容包括对象、过程和结果三个方面，下面从这三个方面进行分析。

（1）对数学思维活动的对象进行反思

①对数学问题特征的反思

数学思维过程是主体以获取数学知识或解决数学问题为目的，运用有关的思维方式或方法达到认识数学的内在信息加工活动。学生在数学学习活动中，面对某一新的数学问题，总是把这一数学问题与自己认知结构中原有知识、信息相联系，把要解决的问题对照以前已经解决的问题，设法将新问题的分析研究纳入已有的认知结构或模式。对数学问题特征的反思就是一个数学问题模式的识别问题，因此，在数学思维活动中，学生要通过数学学习以掌握数学知识，并逐步形成数学思维的基本模式，再以这些知识和模式为基础去解决数学问题，从而丰富和发展了原有的模式，并在新的层次进一步深入学习和解决新的问题。

因此，在学生的思维活动中，教师要经常把陌生的数学问题通过适当变更，将其归纳为熟悉的问题并加以解决。

②对数学活动涉及的知识进行反思

在数学思维活动中总要涉及一些已获得的、具体的数学知识，那么要反思自己对这些所涉及的知识的认识是否达到了活动所要求的程度。这包括对知识理解的程度，对知识本质属性把握的程度，知识之间相关属性联系的程度以及对知识各种表达形式掌握的程度。在学生学习活动中，学生通过亲身经历数学思维活动，自己会对思维活动所涉及的知识有新的认识，同时会发现已有认识的不足，以便在需要时及时进行补救。就大多数学生而言，对某一数学对象的认识，不是在一次数学活动中就能完成的。

③对数学活动涉及的思想方法进行反思

在数学思维活动和数学学习中，对数学思想方法的领会、掌握和运用十分重要，可以说是数学学习的精髓所在，但数学的思想方法没有独立的存在形式，在数学的各类教科书中也很难系统地讲述，往往蕴含在具体内容中，或者伴随在具体的数学活动的过程之中。数学思想方法的传播和学习，主要靠教师在长期的教学中提示、归纳点拨，更要靠学生在长期的数学学习中领悟、吸收和运用。

在具体的数学思维活动中总是要涉及数学思想方法的，因此对数学思想方法的反思的重要内容就是要特别注意挖掘活动中涉及了哪些数学思想方法。这些思想方法是如何运用的，运用的过程有哪些特点，这样的思想方法是否在其他情况下运用过，现在的运用和过去的运用有何差异、联系，是否具有规律性。有了这样的反思，我们对数学思想方法的认识把握、运用的水平就会不断地提高。

④对数学命题、数学语言以及与数学思维活动有联系的问题进行反思

所谓对有联系的问题进行反思，是指在数学活动中必然要与一些似曾相识的问题有所联系，因而在数学活动结束后应对那些问题进行反思。回顾整个过程中曾经与哪些问题有过联系，在什么地方联系过，还可以和哪些问题联系；思考为什么产生联系，具体产生了什么联系，是与问题情境有联系，是与问题的方法有联系，还是与问题的结论有联系；是与整个问题有联系，还是与问题的某个局部有联系；所有这些联系之间能否概括出某种规律或经验。经过这样的联系，我们对原问题是否有新的认识。这种反思使得每一个数学活动都不是孤立无援的，从而起到举一反三、融会贯通的作用。

⑤对数学问题的表征进行反思

问题表征是指解题者通过审题，认识和了解问题的结构，通过联想，激活头脑中与之相关的知识经验，从而形成能够对所要解决问题的一种完整的印象。问题表征是问题解决的关键环节，如何对数学问题表征，这种表征是否适宜，直接影响着数学问题解决的难易程度和速度，因此，在数学学习过程中，加强对问题的表征进行反思的力度，培养学生对同一数学问题进行不同表征的能力，并能筛选出最适宜问题解决的表征，培养学生对数学问题的理解能力。

（2）对数学思维活动的过程进行反思

①对自己思考过程进行反思

学生对自己思考过程进行反思，就是在一个数学活动结束以后，尽力去回忆自己从开始到结束的每一步心理活动，一开始自己是怎样想的，走过哪些弯路，碰到哪些钉子；有什么经验可以吸取；我的思考与他人有什么不同，其中的差距是什么，其原因是什么；自己在一些思考的中途能否做某些调节，为什么当时不能做出这些调节；自己在思考的过程中有没有做出某种预测，这些预测对自己的思考是否起到了作用，自己在预测和估计方面有没有普遍意义的东西可以归纳，等等。

上述的反思可以使学生发现思考问题过程的不足，从而完善解题过程，同时提高了他们发现问题的能力，训练了思维的严密性和批判性，有利于学生形成严谨细致的学习作风和习惯，因此千万不能小看对自己思考过程的反思，这是一种元认知能力的培养，这是一种学习能力的培养，是数学教师素质教育的重要体现。

②对数学问题题意的理解过程进行反思

学生解题是数学学习最重要的环节之一，因此就学生的解题学习活动而言，"理解题意"无疑是首先要学习的。很多学生找不到解题途径的根本原因，正是"理解题意"这一环节存在问题。在波利亚所划分的数学解题的四个阶段中，对学生"学习"解题而言，最重要的阶段应该是"理解题意"和"解题回顾"。学生不会解题是没有在"理解题意"和"解题回顾"两个环节上花时间的结果。学生学习数学的过程就是一个学习解数学题的过程。学习"理解题意"的方法除了直接从"理解题意"的过程中学，另一个十分重要的途径是在"解题"回顾中学，也就是在解题后的"反思"中学。

要求学生对自己最初理解题意的过程进行反思，就是在解题活动完成以后，要求他们对自己"获取的题意信息"和"对题意信息的加工"的过程进行思考。学生要思考自己遗漏过什么信息，为什么会遗漏；思考题意中哪些信息是自己不明了的，为什么会不明了，无论是被表面形式所迷惑，还是遗忘了，都要对其追根究底；思考自己对题意中的哪些关系没有明确，关系的转化是否有错误，是什么原因导致的；思考自己对题意的理解存在什么其他的偏差，造成这种偏差的原因是什么，等等。这样的反思使学生在理解题意方面学会寻找规律，积累更多的经验。

③对推理过程、运算过程、想象过程、语言表述和解题思路进行反思

这一内容的反思，目的在于追求对解题思路、推理过程、运算过程、语言表述进行"优化和简缩"，就是在完成了某一个数学活动以后对活动中的运算过程、推理过程以及整个活动过程的思路进行反思、修改、简缩，从中归纳、总结出形成简缩的思维结构的经验和规律。经过长期的训练形成简缩的思维结构，可逐步提高学生用简缩的思维结构进行思考的能力。

（3）对数学思维活动的结果进行反思

一定要形成一种意识或习惯，即虽然问题得到了解决，还要继续前进。在求取解答后对解题活动的结果进行反思。对解题活动结果进行反思可以使用探讨解法，挖掘规律，引申结论等。

2. 要求学生对自己的数学学习行为进行反思

学习行为表现在课堂内、课堂外两个方面，其包括的内容很多。如课堂内学生自己听课的方式是否与教师的教学方式相吻合、相适应；听课时是否比较专心，有无开小差；听课时注意力集中程度和积极学习的持久性如何等；学生要反思自己在课堂学习小组里讨论数学问题时自己的参与程度，即课堂问题讨论的专心和努力程度；课堂练习时自己的速度、准确性，对练习中涉及的解题方法是否经常总结，下次遇到同类问题时能否尝试运用；针对不同的数学问题，数学教师可能采用不同的教学方式进行解决，如讲授式、探究式等，自己是否能随时调整角色以适应当时情境；另一方面，学生在课外的学习行为包括课外的学习时间安排；课外复习方法；课外作业的处理；课外学习方法的总结等方面。学生要反思自己在课外的数学学习时间和钻研表现，事实上学生真正投入的有效时间较少，大部分数学学习是为应付平时的作业或考试而进行的。所以，学生要认真反思自己课外数学学习时间的多少，课外对数学知识的复习情况是怎样的，是否制订复习计划，制订了复习计划能否按照计划进行复习，以及复习方法是否恰当等，对数学作业的处理是认真完成还是草率了事。经常地引导或要求学生对自己课堂内或课堂外的学习行为进行反思，改掉不良的学习习惯，养成良好的数学学习行为，必将对学生的数学学习有着深远的影响。

3. 要求学生对自己数学学习的情感体验进行反思

学生学习数学时，对其概念、理论、方法等并不是无动于衷的，而是常常抱有各种不同的态度，会有种种复杂的内心体验，这些因学习而产生的种种态度和内心体验，就是数学学习情感。如顺利完成数学学习任务时会感到满意、愉快和欢乐；学习失败时，则会引起痛苦、恐惧；遇到新奇的问题结论或方法会感到惊讶和欢喜；对单调重复的内容和作业，则会产生厌烦。

学习情感对学生的数学学习来说，有着直接的影响，起着推动的作用。愉快、喜悦等积极情感，会对学习起促进作用，达到增强学习能力的效果；而痛苦、恐惧等消极情感，则会对学习起阻碍作用。

数学学习情感是在数学知识和技能等的学习过程中产生和发展起来的，并随着知识的深化而不断增强，体现着"知之深，爱之切"。学生在学习中感受着数学的用处与美，感受获得数学知识技能的愉快和欢乐，从而逐步激发了学习数学的热情。一旦激发了学习数学的热情，那么它就具有持续性、稳定性和巨大的推动力，给学生学习数学以有力鼓舞，可使他们坚持不懈地完成艰巨的学习任务。同时，在一定的条件下，情感具有感染性，也就是说，一个人的情感可以感染另一个人。教师和学生的情感可以相互感染、相互影响。一旦学生在情感上受教师感染，那么就会转化为他们对教师的热爱和对数学学习的热爱，成为一种推动数学学习的强大动力。

现有研究认为，情感是行动的强有力的先导动力，也是行动在转换、进行过程中的动力。情感体验影响认知过程，积极的情感通过影响认知过程来影响行为，积极的情感提高了认知的灵活性，使学生在做出决定时懂得深思熟虑。学习的情感体验可分为三个方面：积极情感（兴趣、快乐、积极、好奇等）、遵守规范（遵守、顺从等）、消极情感（忧虑、厌倦、反感等）。

从学生的角度看，学生要反思自己的数学学习情感体验，在数学活动中要主动寻找其中的乐趣感、成功感，积极抛弃一切情感干扰因素，尽量以积极的情感投入学习；在活动结束后，学生要反思活动中或近阶段自己的数学学习情感体验如何，有无消极情感，消极情感产生的原因在哪里（自己的原因、教材的原因、教师的原因、其他外界原因），能否通过一些途径消除消极情感，有无积极情感等。

四、基于反思性数学学习理论的数学教学策略探究

（一）创设问题情境，激发学生反思的动机

反思起源于问题情境，这一观点得到了大多数学者的认可，这意味着，学生在学习过程中遇到的困惑和问题是反思的起点，这些困惑和问题为反思性学习提供了可能，因此，对问题的认识和反思是反思性学习的第一步。在数学教学中，将学生引入一定的问题情境，这是反思性学习涉及的重要内容之一。所谓问题情境，是指数学教学应为学生准备必要的数学知识和经验，使新知识和新问题这一外部刺激与学生已有的知识和技能这一内部条件形成恰当的差距，它是由学生的内部认知系统和外部知识系统相互作用而共同组成的一种问题意识系统，也是由若干问题构成的心理需求动力系统。在数学反思性教学中，教师应根据学生现有的认知特点，创设适宜的问题情境，引发学生的原有的认知结构与新现象产生矛盾和冲突、激发学生的反思意识和探索兴趣，为新知识构建良好的基础。在课堂教学中创设问题情境，应注意以下几点：

第一，问题情境的创设必须有利于学生"主体作用"的充分发挥。主体性是素质教育的核心和灵魂，在数学课堂教学过程中必须"以学生为主"，真正体现学生的主体性。所谓数学教学中"以学生为主"，是指学生是学习的主体、认识的主体、发展的主体。作为学习活动的主体，学生必须有自觉意识，参与数学教学活动的全过程。很明显，创设良好的数学问题情境，有助于学生能动性的发挥。同时，通过创设问题情境，学生在问题情境中可进行回顾学习过程、检查学习策略、检验学习结果等学习活动，确保学生自主性的发挥。

第二，问题情境的创设必须以学生原有的认知结构为出发点，以新旧知识之间的联系为突破口，或找准新旧知识之间的联络点。学生思维创设能激发反思意识的问题情境。创设数学情境的本质在于揭示数学现象的矛盾，引起学生内心的冲突，动摇学生已有的认知结构的平衡状态，从而唤醒学生的思维，激发学生的内驱力，使学生进入探索者"角色"，真正"卷入"问题探究活动中。但是教师所创造的数学情境既要有一定的难度，又不能超过学生现有的认知水平，即必须以学生原有的认知结构为基础。只有这样，学生的思维才是最活跃的。在这种特定的问题的情境中，学生用自己的头脑去发现问题，找到解决问题的办法，主动参与教学活动的积极性最高。

（二）注重反思性数学过程教学，帮助学生形成新的认知结构

1. 形成性反思

学生如何通过自己的思考建立起自己的数学理解力，实现知识的主动建构，关键是在新知识的形成过程中，要让学生"一步一反思"，在"反思"中获得，使新知识内化，从而建构新的认知结构。在这个过程中，教师担负着引导者和支持者的重要角色。一是教师要力求创设有利于学生反思的学习情境，让学生在所创设的情境中暴露思维过程；二是教师要向学生提出明确的反思任务，不妨让他们多走些弯路，激发学生多方面的反思。

2. 巩固性反思

在对数学概念、定理、公式、方法等数学内容的学习时，一定要对其成立的限定条件、特殊情况、应用范围等方面进行深刻反思，做到全面理解，才能正确利用知识。

3. 辨误式反思

瑞士儿童心理学家皮亚杰认为，学生在学习过程中犯些错误是应该的，而且有时甚至是有益的。他说，错误会引起学生顺化自己的认知结构，因此，引导学生对数学解题的某些通病或典型错误做辨误式反思，看其是否忽视了隐含条件，是否以特殊代替了一般，是否忽视了特例，逻辑上是否严密等，有利于学生对知识的正确建构，培养思维的严密性和批判性，提高分析和解决问题的能力。

4. 总结性反思

教师要引导学生养成"问题解答后的反思"的习惯，促进学生加深对知识的理解，加强知识之间的联系和沟通，提炼数学思想和方法，最大限度地挖掘、发挥范例的作用，提高解题水平，培养学生良好的思维品质。

（三）设计反思性数学问题，提高学生反思性数学学习效果

培养学生对自己的学习过程进行反思的习惯，提高学生的思维自我评价水平，这是提高教学效率，培养学生创新能力的行之有效的方法。解题是学好数学的必由之路，但是不同的解题指导思想会有不同的解题效果。养成对自己的解题过程进行反思的习惯是具有正确的解题思想的体现。而反思过程中的数学问题设计是数学情境设计中非常重要的环节。

众所周知，学生如果在获得问题正确答案后就此中止，不对解题过程进行回顾和反思，那么解题活动就可能停留在经验的水平，事倍功半；如果在每一次解题之后都能对自己的思路有自我评价，探讨成功的经验或失败的教训，那么学生的思维就会在更高的层次上进行概括，并促进学生的思维进入理性认识阶段，事半功倍。

另外，由于学生的年龄特征及数学认知结构水平的限制，再加上非认知因素的影响及"应试教育"的压力，学生在数学学习中往往表现出对基础知识不求甚解，对基础训练不感兴趣，热衷于大量做题，不善于对自己的思路进行检验，不对自己的思考

过程进行反思，不会分析、评价和判断自己思考方法的优劣，也不善于找出和纠正自己的错误。学生在应用数学知识解决问题时，往往缺乏解题后对解题方法、题中反映出的数学思想方法、特殊问题所包含的一般意义等的概括，导致其获得的知识系统性弱、结构性差。

因此，为了提高学生的解题效率，培养学生的数学解题能力，必须加强正确的解题思想教育，使学生养成反思的习惯。

1. 反思解题关键，促使思维精确化、概括化

学生解决问题时，会带有一定的"尝试错误"，再加上其缺乏对解题过程的反思，不对解题过程进行提炼和概括，为完成任务而解题，导致解题质量不高、效率低下。为提高解题质量和效率，数学教师要经常引导学生回顾和整理解题思路，概括解题思想，使解题过程清晰化、思维条理化、精确化和概括化。

2. 反思解题策略，优化解题过程，使学生掌握数学基本思想方法

在实际解题过程中，学生总是根据问题的具体情境来决定解题方法，如果不对它进行提炼、概括，那么它的适用范围就有局限性，不易产生迁移，因此，教师应在解题后让学生反思解题过程，分析具体方法中包含的数学基本思想方法，对具体的思想方法进行再加工，从中提炼出应用范围广泛的一般数学思想方法。为了使解题达到举一反三的目的，在反思问题设计时，教师就应该考虑学生对具体方法进行再加工，提出提炼数学思想方法的任务。

学生在解题时往往满足于解出题目，而对自己的解题方法的优劣却从来不加评价，作业中经常出现解题过程单一、思想狭窄、解法陈旧、逻辑混乱、叙述冗长、主次不分等不足。这是学生思维过程缺乏灵活性、批判性的表现，也是学生的思维创造性水平不高的表现，因此，教师必须引导学生评价自己的解题方法，努力寻找解决问题的最佳方案。这一评价过程可开阔学生的视野，使学生的思维朝着灵活、精细和新颖的方向发展，在对问题本质认识不断深化的过程中提高学生的概括能力，以促使学生形成一个系统性强、着眼于相互联系的数学认知结构。

3. 反思问题本质，使思维的抽象程度不断提高

解决问题后再剖析其实质，可使学生比较容易抓住问题的实质。在解决一个或几个问题以后，启发学生进行联想，从中找出它们之间的联系，探索一般规律，可使问题逐步深化。

4. 反思错误原因，使学生更加深刻地理解基本概念和基本知识

学生往往在学习数学基本知识时不求甚解，粗心大意，满足于一知半解，这是造成作业错误的重要原因，因此，教师应当结合学生的作业出现的错误设计教学情境，给学生提供一个重新理解基础知识、基本概念的机会，使学生在纠正作业中错误的过程中掌握基础知识，理解基本概念。

（四）引导学生主动反思，培养学生的数学反思能力

1. 创设反思情境，强化学生的反思意识

要使学生的反思行为习惯化，即主体遇到特定刺激便自然出现相应水平。有反思

习惯的学生，在学习之前、中、后都会就学习计划、学习过程、学习结果等进行自觉主动地反思。总之，反思意识得到强化后，学生心理上就有了一道"警戒线"，它随时提醒学生对自己的学习保持应有的警觉，一旦有可疑之点，即可进入反思状态。

学生明确意识到自己学习中的不足往往不是很容易的。因为，这是对他个人的能力、自信心的一种"威胁"。所以，作为学生反思活动的促进者，教师此时要营造轻松、信任、合作的气氛，帮助学生看到数学学习中的问题所在，使反思活动得以开展。教师可以从学生的实际出发，提供适当的问题或事例，以促使学生的反思。

2. 增强学生的反思毅力，培养学生的反思技能

反思不是简单的回顾和一般的分析，而是从新的层次、新的角度看到不足。这就决定了学生至少要有下列反思的技能：第一，经验技能，它主要指学生借助经验对自身进行相对直觉的反思的能力；第二，分析技能，它主要用于解释描述性的资料；第三，评价技能，它常用于对研究成果的意义做出判断；第四，策略技能，它告诉学生怎样进入行动计划和参与计划实施，如何进行反思性分析；第五，实践技能，它帮助学生把分析、实践、目的与手段等和良好的结果统一起来；第六，交往技能，它通过广泛讨论自己反思所得的观念等，加深学生对知识的理解。教学中，教师要采取多种办法有意识地培养学生的反思技能。

反思在一定程度上是自我"揭短"、诱发痛苦的行为。缺乏毅力的学生即使反思技能甚强，反思也难以顺利进行。反思的毅力不仅体现在学生反思的"持续性"、战胜困难、忍受痛苦的"韧劲"上，而且表现在"督促"自己自始至终盯住自身学习的不合理性上，并敢于向别人"解释"自己的不合理性。

教学中，教师不妨有意设置反思障碍，让学生多次尝试，以磨砺学生的反思意志，增强学生的反思毅力。

3. 开展教师指导下的合作学习活动，建立师生、生生互助的反思关系

合作学习是以学习小组为基本形式，系统运用教学动态因素（教师和学生）之间的互助来促进学习，以团体成绩为评价标准，共同达到教学目标的活动。

合作学习的内涵涉及以下几个层面：第一，合作学习是以学习小组为基本活动形式的学习；第二，合作学习是以师生、生生互助合作为动力的学习活动；第三，合作学习是一种目标导向的教学活动；第四，合作学习是以团体成绩为奖励依据的教学活动；第五，合作学习是由教师分配学习任务和控制学习进程的。教师在整个教学过程中的角色就是学生学习的促进者和教学过程的主导者。在数学合作学习的情境中，教师必须给学生设定一个清晰的小组目标；学生要认识到他们不仅要为自己的学习负责，而且要为其所在小组的同伴的学习负责，这被称为"积极互靠"。积极互靠可使学生坚信他们"荣辱与共"，他们之间是"人人为我，我为人人"的关系，同时，积极互靠能产生促进性互助，即学生相互支持和鼓励，彼此为取得良好成绩、完成任务、得出结论等付出的努力。由此激发的学生之间的相互作用和言语交流，才使得教育结果发生变化。在合作学习课上，教师应当最大限度地提供机会使学生互帮互助、相互支持、相互鼓励，并对彼此付出的努力给予赞扬。合作学习强调个人责任和集体性奖励，它是合作学习必须具备的两个条件。在合作性的奖励结构中，学生能否得到奖励不仅取决于个体成员的成绩，而且取决于其所在小组的总体成绩。

反思性学习是一种依赖群体支持的个体活动，它不仅仅要求反思者有开放的、负责的、执着的心态，同时有合作、协调、信任的环境要求。它是一种互动的社会实践和交流活动。学生在反思过程中，如果有他人指点或与他人合作进行，反思的效果会更佳。在具体的数学教学中，教师可以根据学生的具体情况，把全班学生分成若干个学习小组，每个学习小组采用异质分组，使小组成员在性别、成绩、智力等方面具有一定的差异，并具有互补性。每个学习小组都有自己的学习目标，组中每个成员都有自己的学习任务（个人责任），那么在合作学习的情境下，学生们就可以相互交流、讨论。可以说，只要数学教师本着认真、负责的教学态度，合理组织学生进行小组学习、合作学习，多创造学生相互交流、讨论的机会，就可以获得超越个体数学反思性学习所获得的成果，提高群体的反思效果，以此来培养学生的数学反思能力。

4. 引导学生学会对自己的思维活动进行反思和调节

反思性学习是智能发展的高层次表现，反思就是指在完成一项任务后回顾一下自己的智能活动过程，想一想自己的发现过程中，有何经验，有何教训并及时总结最佳学习策略。反思可以使学生自觉地对反思性数学认知活动进行考察、分析、总结和评价，它是学生在反思性数学学习过程中强化自我意识及进行自我监控、自我调节的主要形式。

数学的学习并不总是"做"出来的，不管教师设计多么好的活动，只有当学生通过自己的思考建立起自己的理解时，才能真正学好数学。新的数学观念形成后，学生就会试图用新的观念去重新认识已经积累起来的技巧、方法和规律，把它纳入刚刚建立起来的认知结构，这是一个学习反思过程。在每节课结束前，教师应组织学生通过回答问题来进行学习小结，每个章节学习结束前要求学生对本章节进行复习和小结，不仅应回顾所学的基础知识、基本思想与方法，还应总结自己的学习经验和体会，坚持写学习日记、周记等。给学生反思的机会，反思数学概念、数学思想、数学方法、数学技巧等，其目的是让学生养成良好的反思习惯，理解数学反思的途径和方法，其价值不可低估。反思可使学科的知识结构转化为学生的知识结构，继而转化为学生的认知结构，所以数学认知活动中渗透着自我监控活动，是数学认知活动的有机组成部分。在教学中，应该多让学生去总结概念、定理的产生过程，要求学生采取写学习日记、学习周记的形式对一些典型问题进行反思；教师引导学生多探讨些"为什么"，在理解数学中的"道理"和"意思"的过程中培养学生的自我监控能力和数学的反思能力。

5. 在解决数学问题的过程中，要求学生学会认真审题，养成反思的习惯

审题是数学问题能否顺利解决的关键一环。解题前，审题为明确方向；解题中，审题为控制方向；解题后，审题为验证方向。现代认知心理学认为，在解数学题这一心理活动中，包括输入阶段—同化或顺应阶段—运用阶段。在解决数学问题中，反思是发现的源泉，是一种积极的思维活动和探索行为，是促进知识同化和迁移的可靠途径。反思可以提高数学意识，优化思维品质；反思可以拓宽思路，优化解法，完善思维过程；反思可以沟通新旧知识的关系，促进知识的同化和迁移；反思可以深化对问题的理解，并提高新的发现，因此，引导学生反思能促进他们从新的角度，多层次、多方面地对问题及解决问题的思维过程进行全面的考察、分析与思考。

　　教师在教学中要向学生提出明确的反思任务，并逐步培养学生养成反思习惯。提高学生的元认知水平（反思水平），从而促进学生数学观的形成和发展，更好地进行构建活动，实现数学学习的良好循环。

第二章

数学教学中的学生与教师

第一节 学生数学素质的培养

一、数学知识的教学艺术

数学素质是由知识因素、智力因素和非智力因素组成的一个系统结构。在这个系统结构中，其中知识因素是基础。实施素质教育，对数学素质提出了新要求，这些新要求集中体现在下列几方面。

（一）揭示知识发生过程

在数学中，由于诸多因素的限制及教材本身的特点，思维价值丰富的知识发生过程被简化了，只保留精炼的、本质的逻辑结论。长此以往，既不利于思维的训练，又体现不出数学是"思维的体操"的功能，也不利于学生了解知识的来龙去脉和辩证理解知识。

事实上，数学的每一个概念在其发展的长河中是如何被提出、发现的，是如何被抽象、概括的，是如何被猜测、判断的……在这一系列的思维活动中，都蕴含着极其丰富的思维因素与价值。只有揭示其发生的过程，才能更深刻地认识概念，才能理解它本身的价值，也才能扎实地掌握"基础"。

强调揭示知识发生过程的着眼点是有利于学生构建知识结构的。从实践基础上产生的探求物体形状、相互间位置关系和大小关系的几何发生过程，以及其如何从矛盾中产生，并如何在解决矛盾中前进的复杂思维的发生过程，为我们建立知识网络提供了良好的范例。

强调揭示知识发生过程，是因为概念的概括、判断及推理过程有着极丰富的推理方法、思维方法和思想方法，它们是知识结构中最活跃的元素，它们是提高学生分析问题和解决问题能力的重要工具和思想。

揭示知识发生过程，依赖教师对教材的理解和挖掘，依赖教师睿智的启发、科学的引导、艺术的描绘，只有这样，才能使概念"活"起来，不致成为无源之水、无本之木，不致成为枯燥无味、窒息学生的"死"物，才能使学生乐意吸收并将其纳入知识结构。当然，强调揭示知识发生过程，并非处处、条条都追溯其源、探求其本，这种形而上学的做法也是不可取的。但重要的概念、关键的定理应使学生了解它的发生过程及思维过程。掩盖数学思维过程是当前数学教学中不良倾向的共同特征，充分暴露思维过程是现代先进教学理论与方法的共同特点，是数学教学的重要原则，也是数学教学改革的发展方向。

（二）重视知识的发展、深化过程

知识的发展、深化过程是知识形成过程中最精彩、最关键的一环。我们要对概念、公式、定理、法则的发现、提出、概括、推证过程，既作出通俗的解释，又作出本质的揭示，阐明条件与结论的逻辑联系，指明概念的内涵与外延，有比较，有鉴别，并通过前后、左右、正反等多角度的对比来澄清错误认识，加深正确理解。

我们要对关键词语给予关键的解释，重点知识给予重点的阐述。

我们要真正地认识对象，就必须把握和研究它的一切。

我们要对知识的纵向联系，给予发展的、系统的解释，论述知识在动态发展中的地位、作用，揭示知识在提出、概括、推论、应用上与前、后知识的联系与区别。

我们要对知识内部的横向联系，给予广泛解释，要有机地把不同分支、不同科目的知识进行比较与联系。

一切客观事物本来是相互联系的和具有内部规律的。只有这种动态式的剖析与论述，才能在学生头脑中织成知识的经纬与网络，才能建起知识的框架与结构。知识点串成发展线，发展线编成结构网。

知识的发展、深化过程是教学过程的主干，它与知识的发生过程、应用过程协同作用。

（三）着眼知识的应用过程

数学着眼于知识的应用过程，是因为数学教育要教给学生的不仅是数学知识和数学能力，而且是要培养学生用数学的意识，让学生学会用数学的知识、方法、思想去分析问题与解决问题。

着眼于知识的应用过程，是因为只有在知识的应用过程中，学生才能更加深入地认识知识的地位与作用，才能更加深入地认识知识间的内在联系，才能悟出带有观念性的数学思想。总之，着眼于知识的运用过程，才能有效地从整体上认识数学，有利于建立知识结构。

着眼于知识的应用过程，是因为当人们已经认识这种共同本质之后，就以这种共同的认识为指导，继续地向着尚未研究过的或尚未深入研究的事物进行研究，补充、丰富和发展这种共同的本质认识，才能检验真理，发展真理。

（四）强调数学思想方法的形成过程

在知识发生、发展与应用过程中，应以数学思想方法的形成作为数学教学高层次的追求。知识、方法是知识结构的骨架与肌肉，数学思想是知识结构的活力与灵魂。

数学思想源于基础知识和基本方法，又高于知识与方法，数学思想是处理问题的基本观点，是对知识与方法的本质揭示，是发展数学的指导方针，是知识结构网络中的纽带。

在知识结构的形成过程中，必须使知识与方法并重，将其挖掘、提炼、渗透、明确、整理，使数学思想方法有机地融入知识结构之中。

（五）重视情感过程

感觉经验是第一的东西，只有社会实践才能使人的认识开始发生，因此，我们强调学生动手实验，通过观察实物、模型，动脑分析、解决生产实践中提出的问题及已抽象的数学问题，创设认识新知识的情境等都是认识的直觉基础在学习过程中的反映。

靠近生活、提供原型、发展已知、探求矛盾是认识的出发点，也是提高学生学习兴趣的根本做法。

温故而知新，正是强调学习基础的重要性。这里的学习基础包括学生的生活基础、知识基础及认识基础，不能在脱离学生基础、认识水平的背景下，做拔苗助长的事。

当然，人不能事事有直接经验，今日之书本知识，昨日已有其实践之源。今人仍件件追寻实无必要，也难以为继，但不能违背从具体到抽象、从易到难、由表及里、由已知到未知的认识规律。

认识的真正任务在于经过感觉而达到思维，达到逐步了解客观事物的内部矛盾，了解它的规律，了解过程间的内部联系，从而达到理论认识。学生的思维活动对感性材料、已有知识进行分析、归纳、抽象、概括，会将其发展为理性认识，纳入已有的知识结构，才能完成认识的第一次飞跃。我们应当重视学生认识上的升华与飞跃，让不同类型、不同水平的学生都有所发展与提高。当然，抓住了规律性的认识，必须让它再回到改造世界的实践中，到了这个时候，人们对于客观过程的认识运动算是完成了。

（六）重视情意活动

一切教学活动都应建立在学生愿意接受、乐于学习、主动进取、自觉思考和迫切追索的基础上。从这些点出发，我们的教学过程必须重视学生的情意活动。

感情投入是教学取得成功的首要因素。爱心、耐心应是教师之心，融洽的感情及对教学的热爱是唤起学生认识的开始，再以教学艺术及数学知识唤起学生的追求。这样，教师的教学活动才能激起学生响应的浪花，鼓舞学生克服困难去主动地汲取知识。

二、开发学生智能的艺术

（一）观察力的发展

观察是一种有目的、有计划的知觉活动。观察力是观察活动的效力，或者说是观察效力的表现,它在学习活动中具有重要作用。首先,观察力的发展有助于思维的发展,因此,一个人要想发展智力、促进思维,就必须首先把观察力的大门敞开,让外界的信息源源不断地进入自己的大脑。观察力在数学学习中的作用表现在学生对数学材料感知清晰度的强弱,直接影响学生对数学问题的思考方向、思考深度。其次,观察力的发展有助于记忆。观察力在数学学习中影响学生对数学材料的记忆。观察力强的学生头脑中贮存的数学材料不但多,而且条理化、有序化、生动化。这样,当学生需要向大脑仓库提取"原料"时,这些通过观察得到的形象材料就会变得井然有序。

观察力的发展是有条件的,一般而言,发展观察力依赖下列三个条件:一是学生对数学材料的激情和兴趣。如果学生对数学材料产生了激情、兴趣,生理上往往会伴随着血液循环的加快,使大脑皮质得到营养,活化整个神经系统,能把注意、思维、记忆等都调动起来,使之积极化,因此,从某种意义上说,激情、兴趣是发展观察力的动力因素。二是有无明确的观察目的。观察是有意识的、自觉的、主动的,而不是盲目的、被动的。数学材料虽有繁简、难易之分,但对它进行观察时,却需要有明确的观察目的。明确的观察目的包括明确观察对象、观察内容、观察方法、观察计划和观察总结。如果观察目的明确,对数学材料的感知就完整、清晰;相反,没有明确的观察目的,则对数学材料的感知就破碎模糊。三是有无贮存数学材料的丰富表象。表象是感知过而不在眼前的数学材料在学生头脑中的反映。它是连接感知与思维的桥梁,可为学生的观察导向护航。

(二)思维能力的发展

思维是人脑对客观事物概括的间接反映。数学思维是人脑和数学对象(空间形式、数量关系、结构关系)交互作用并按照一般思维规律认识数学内容的内在理性活动。它具有一般思维的根本特征,但又有个性。这种个性主要表现在思维活动的预演方面,是按照客观存在的数学规律的表现方式进行的。特别是作为思维载体的数学语言的简练准确和数学形式的符号化、抽象化、结构化倾向。

思维能力是智力的核心。培养和发展学生的思维能力是数学教学的主要目标。从本质上说,数学教学是数学思维活动的教学,因此,如何培养和发展学生的思维能力是数学教学的重要课题。

1. 掌握学生思维发展的特点,发展思维能力

学生思维发展的基本规律是从以具体形象思维为主要形式过渡到以抽象逻辑思维为主要形式的,因此,学生思维发展的一般特点是具体形象性。在判断和推理方面,以直接判断推理为主,基本上处于直观水平。初步掌握了肯定与否定的判断形式,开始注意有根据、有顺序、有条理地进行思考。

根据上述特点,教师要注意遵循认识规律,注意丰富学生的感性认识,建立清晰而稳定的数学表象,以发展学生的思维能力。

2. 在概念教学中,发展学生的思维能力

概念是思维的细胞,是思维的基本形式之一。概念教学是培养和发展学生思维能力的重要途径。如何在概念教学中发展学生的思维能力呢？我们认为可从三个方面入手：一是在概念形成中培养和发展抽象概括能力。数学概念的本质属性来源对众多数学材料的概括、提炼，因此，教师在教学过程中，首先要给学生提供多种多样的数学材料，然后引导学生对这些材料进行抽象、概括，使学生在获得数学知识的同时，也学会对数学材料的抽象、概括方法。二是在概念分类中发展逻辑推理能力。分类是人们关于某些对象知识的系统化。它是人们对某种对象的认识深化的标志，既是一种重要的数学思想，又是一种重要的解题方法，因此，教师在数学教学中，对于学生学过的概念，要进行多方面的概括并分类，理清各个概念的种属关系，分清主次，找出概念间的演进关系，以提高教学效率。三是在应用概念中发展思维能力。一般说来，要使学生巩固所学概念，一定要给学生复述概念的机会。这种训练不仅是为了巩固所学的概念，而且也是训练和发展学生思维能力的过程。

3. 在计算教学中，发展学生的思维能力

计算教学不仅可以培养学生的计算能力，而且能够培养和发展学生的思维能力。计算教学中如果重视思维活动的教学，就能提高计算教学效率，使学生的计算达到正确、迅速、合理、灵活的要求。

计算教学的过程，就是培养学生思维能力的过程。学生在对计算题的观察思考中，要恰当地进行判断，决定能否简便计算；合乎逻辑地分析、推理，尽快找到计算的捷径，以保证计算结果正确及计算方法合理、灵活、迅速。这就培养了学生的初步逻辑思维能力。

计算教学在培养学生初步逻辑思维能力的同时，还可以培养学生良好的思维品质。通过速算教学、定时训练、基础口算可以培养思维的敏捷性，通过一题多解、运用简算可以培养思维的灵活性；通过鼓励发表独立见解，提倡灵活的解题方法可以培养思维的独创性和深刻性；通过辨析正误、分清异同可以培养思维的批判性。总之，计算教学不仅要培养计算能力，更要重视数学思维活动的教学。

4. 在应用题教学中，培养和发展学生的思维能力

学生解答应用题的过程，是复杂的心理活动过程。既有感知、记忆、想象等心理活动，又有思维活动；既有分析、综合、比较、抽象、概括的思维过程，又有选择、判断、推理的思维形式，因此，应用题是培养和发展学生思维能力的综合材料。

应用题教学中培养和发展学生思维能力的一个重要方面是教给学生思维方法。思维方法对于学生就如同明灯对于夜行人一样重要。下面就此谈几点要求：

（1）给学生建立比较的思维方法

数学对象之间是互相联系而又相互区别的。数学对象的共同性和差异性是比较的客观基础。比较是一种重要的数学方法，掌握它的关键是既善于求同，又善于求异，这是因为数学对象之间的逻辑关系，有的是一目了然的，而有的却是似是而非的。

（2）给学生建立对应的思维方法

对应的思维方法是现代数学中很重要的一种思维方法。解答应用题，特别是解答分数应用题，几乎处处都能用到对应的思想。

（3）给学生建立类比思维方法

类比是根据两个对象在某些方面的相同或相似性来推测这两个对象在其他方面也相同或相似的思维方法。

类比思维在数学中的应用极为广泛，也极富启发性，主要体现在三个方面：发现新的命题乃至新的数学分支；发现解决问题的途径和方法；实现旧知识对新知识的迁移，在新旧知识之间建立联系，使学生形成良好的认知结构。在教学中，教师如能引导学生在新旧知识之间进行类比，则可以减少学习新知识的障碍，达到温故知新、化生疏为熟悉、化复杂为简单、化未知为已知、化思路多向为定向（思路以知识的重点、难点为导向）之目的。

（4）给学生建立逆向思维方法

训练学生的逆向思维有利于培养学生良好的思维品质。一般有下列途径：一种命题顺逆叙述；数量关系顺逆剖析；公式标准形式与非标准形式互推等。

5. 通过发展数学语言来发展学生的数学思维能力

数学思维能力的发展虽然主要受推理能力发展的制约，但数学语言发展水平的高低，也在一定的程度上影响着数学思维能力的发展，因此，在数学教学中要重视发展学生的数学语言表达能力。所谓数学语言表达能力，就是应用数学语言表达数学思维过程及其结果的能力。运用数学语言的前提是掌握数学语言，而掌握数学语言的有效途径则需从认识数学语言的特点入手。那么，数学语言有何特点呢？我们认为主要有四个特点：一是简练；二是严密；三是精确；四是理想化。

怎样培养学生的数学语言表达能力呢？我们认为最主要的途径就是提供运用数学语言的机会，加强语言表达的训练，养成表达习惯，创设语言情境。此外，教师的示范作用也是十分强大的。

6. 加强思维训练

思维训练是开发人脑功能的主要途径，是指遵循人的思维发展规律，采用相应的训练内容、方法、手段，按照一定的程序，训练人的思维器官、思维心理、思维形式、思维方法、思维品质和思维能力等，从而使受训者迅速准确地获取知识的一种教育过程。

思维训练对数学素质教育有直接意义，如辩证思维训练可以促使学生形成正确的立场、观点、方法，提高政治素质；思维器官的训练可以促使感知器官、神经系统和大脑在和谐统一中得到发展；思维心理基础训练可以形成良好的心理素质；思维形式、思维方法的训练，可以提高认识水平，形成合理的知识结构，提高思维能力。所以说，思维训练是数学素质教育的好形式。

（三）空间想象力的发展

1. 在引导学生观察的过程中发展空间想象力

空间想象力是指在空间知觉的基础上形成关于物体的形状、大小、相互位置关系等的表象。为有效地培养和发展学生的空间想象力，在几何形体的教学中，要让每一个学生都准备相应的几何形体作为学具。

2. 丰富学生的空间表象

学生的空间想象力的发展水平依赖空间表象的数量，因此，教师要不断丰富学生的空间表象，发展学生的再造性空间想象力，并在此基础上发展学生的创造性空间想象力。

3. 运用多种感官，促进空间观念的形成

在教学中，只要有可能就应当用感官去接受一切东西：能看见的东西用视觉；能听见的东西用听觉；有气味的东西用嗅觉；能感触到的东西用触觉。

4. 加强作图能力的培养

学生作图的过程是运用概念、动手操作的过程，是脑手并用的过程，因此，作图具有极强的教育教学功能。首先，作图能使学生对几何图形的直观理解过渡到理论的概括，促进学生空间观念的形成，为进一步学习打下基础；其次，作图可以培养学生的动手操作能力，要求学生作图是打基础的工作。作的图虽然简单，但一定要让学生掌握正确的作图方法，养成良好的作图习惯。

（四）数学记忆力的发展

记忆是经历过的事物在人脑中的反映。数学记忆是学生学习过的知识经验在头脑中的反映，是学生通过数学学习积累数学知识经验的功能的表现。数学记忆是数学学习的重要一环。

学生记忆的特点：记忆目标逐步明确，意义记忆逐渐发展，抽象记忆逐渐发展。根据这些特点，培养学生的数学记忆力可从下列几方面入手：

1. 使学生明确记忆的目的和任务

心理学的研究表明，记忆的目的越明确，学生就越容易记忆牢固。这是因为明确了某一知识的记忆任务，学生就形成了这种知识和原数学认知结构应建立密切联系的心向，记忆的同化过程就进行得顺利，记忆就牢固。要提高记忆的效率，学生还必须在明确记忆目的的基础上精选记忆内容，不可不分主次。同时，教师还要注意记忆任务的布置要及时。

2. 使学生理解所学的知识内容并概括成系统

理解是使记忆牢固的前提，而概括数学知识，使之系统化则是理解基础上的操作，因此，为了获得长久的知识，需要把所学知识系统化。系统的材料便于在记忆中把知识组成"块"，不仅可以增加短时记忆的容量，而且适合储存在长时记忆里。

3. 合理地组织复习

"复习是记忆之母"，合理地组织复习是提高记忆效率的重要途径。那么，什么是合理地组织复习呢？首先，复习要及时。根据德国心理学家艾宾浩斯的遗忘曲线，遗忘的规律是先快后慢、先多后少，因此，防止遗忘的重要措施就是及时复习。其次，复习要适量，实验研究表明，若以学习程度 A 代表刚好学会时所需的学习量，那么比 A 的学习程度多二分之一的学习量则是最佳的，因此，复习的量应控制在比刚好学会

时所需的学习量多二分之一。最后，复习的方式要多样化，要将分散复习和集中复习结合起来，立足于课堂复习和单元复习。

4. 借助直观形象和语言的作用加强记忆

在数学教学中，用学生熟悉的、较直接的形象表示数学结论，有利于学生记忆。这是因为直观的东西在学生的认知结构中一般比较稳定，记忆得比较牢固，而直观的东西在某种程度上又代表了数学结论，在抽象的结论和学生的认知结构间架起了一座桥梁。由于言语是概括的，用言语可以把复杂的事物概括起来，这就使记忆变得容易。

5. 在发展中巩固知识

在发展中巩固知识是指在新知识的学习中复习巩固旧知识。新旧知识是相互联系的，在新知识的学习中复习旧知识，不但使新知识的学习有了基础，而且使旧知识在数学认知结构中更加稳固。苏联心理学家赞可夫经过长期的"教学与发展"实验表明，教学如果稍微加快速度，会使学生在新课学习中复习旧课，有更多的机会去应用知识，就会使他们在短期内获得较多的知识，在发展中把握数学知识间的联系，不仅使人对知识理解深刻，而且会记得牢固。

6. 教给学生记忆方法

好的记忆方法能提高记忆效率。这是一条公理，因此，在教学中，教师应结合教学内容教给学生常用的记忆方法。这些方法主要有：

①筛选法的目的在于让学生存"精"储"优"；

②比较法的目的在于显化易混信息；

③动手法的目的在于让学生在"做"中强烈感知学习和记忆的对象；

④图表法的目的在于突出纲要信息；

⑤韵语法的目的在于利用听觉帮助记忆并简化识记内容；

⑥过渡法的目的在于巩固、深化记忆的成果；

⑦联想法的目的在于加深当时的记忆，更有利于日后的回忆；

⑧双球法的目的在于充分地挖掘大脑的记忆潜能。

第二节 数学教师的专业发展

一、数学教师专业发展的影响因素

（一）教育因素

1. 教师专业知识的学习

第一，数学专业知识与技能构成数学教师的专业知识基础层。大学（综合类大学和师范类大学）所开设的数学专业课程是数学学科发展至今，其学科核心内容的体现，它一方面为学习者继续深造探索数学科学的新领域打基础；另一方面，为计划在大学从事与数学相关的社会工作者提供基本能力，而从事数学教学工作所具有的数学专业知识与能力也包含其中。

第二，从事数学教学工作与非教师教学专业人员学习数学学科相比，要增加有关数学学科发展史及趋势，创造数学学科知识的科学家的创造活动、科学精神及人格力量等方面知识的学习，以充分发挥数学学科知识的教育作用，这是数学教师专业知识的第二层面。

第三，由认识数学教学对象、开展教学活动和研究诸方面所必需的教育学科（如教育学原理、心理学、教学论、学习论、班级管理学、现代教育技术等）和数学教育学科（如数学教学论、数学学习论、数学课程论和数学方法论等）等构成，对这部分知识、技能的把握不能只停留在学科水平上，而要能综合运用，是第三层面。

专业知识的复合性不仅体现在结构组成的多学科和多层次上，还体现在三个层面知识的相互支撑、渗透与有机整合上。专业知识结构为教师教育工作的成功提供知识和技能性保证。此外，教师的专业知识应具有开放性和实践性，它将随社会发展、科学与教育理论的发展和个人实践经验的积累及人们对教育理解、体验的变化而变化。

2. 教师专业能力的培养

教师专业能力是指教师在教育教学活动中形成并表现出来的、直接影响教育教学活动成效和质量、决定教育教学活动的事实与完成的某些能力的总和。

数学学科知识和教育专业知识是数学教师专业化必不可少的载体，个体在掌握了学科知识和专业知识的基础上，必须通过有效的训练形成专业能力，才能够胜任数学教学工作。

（二）个人因素

1. 树立符合时代要求的教育观

教育是教育者与受教育者的相互作用，这种相互作用以文化为中介。教育是文化传递的手段，它同其他社会现象（如政治、经济、文化等）有着广泛而密切的联系，反映一定社会的政治和经济要求并为其服务。从教育内部来看，教育者、受教育者和传递的文化构成了一个相互联系、相互作用的系统；从教育与其他社会现象的关系来看，教育系统只是社会系统中的一个子系统，并与其他子系统有着复杂的多层次联系。教育系统具有动态性、整体性、自组织性等特点。教育者与受教育者的主客体关系也可以相互转化。

（1）教育的高目标观

教师要全面贯彻教育方针，面向全体学生。素质教育是为提高整个民族素质打基础的教育，是全民性的开放教育，使每个学生都具有作为新一代合格公民所应具备的基本素质。教师不单纯为某一学科的系统性负责，还要为学生的发展和幸福负责，为社会的发展进步负责。教师不是单纯为未来的研究者服务，还要为社会培养具有较高思想文化素质和劳动技能的生力军。

素质教育要面向全体受教育者，使不同层次的人都获得最全面、最大可能的发展。

素质的提高，不仅表现为个体，而且表现为群体，即全体公民群体素质的提高。

素质教育不是平均发展的教育，不限制精英人才的培养，而是使每个人都得到充分发展，因而更有利于各种人才的成长。

这就要求教师针对不同学生的特点，因材施教。这是因为受教育者之间是有个体差异的，这种差异决定教师从每个人的实际出发，使之都能在原有基础上得到发展，从而达到适应社会需要的目的，使每个人按不同条件实现自己的最佳目标。

基于以上分析，教师应具有教育的高目标观，引领学生的学习活动，获得身心全面发展。

（2）以人为本的学生观

教育要促进青少年学生身心的协调发展。学生的身心发展主要包括三个方面的内容：一是学生身体的正常发育和协调发展；二是学生心理的健康发展；三是学生身体与心理两个方面的协调。在学生的发展中，身体的发展直接影响心理的发展，而心理的发展又影响着身体的发展，二者互相影响、互相制约。

首先，学生正处于人生的发展阶段，而一个人的生命历程是不可逆的。一个次品零件可以熔毁再造，而人却只能在原有的基础上发展，成长中的成功与挫折往往会影响到其未来，因此教育工作者应该有责任感，必须对每位学生的未来负责。

这种以人为本的发展观，是教育好学生的认识论基础。用发展的观点看待学生，理解学生身上存在的不足，就能够从思想上宽容学生，并积极引导学生改正错误、弥补不足。同时，教师还要纠正一种认识偏见，那就是喜欢从学生的现实表现来推断学生的未来发展。其实，学生的发展潜能是不可估量的。对于教育者来说，树立"没有教不好的学生"的观念是必要的，要把学生看成发展中的、可以培育和塑造的个体。

其次，学生是一个整体的人。学生作为一个正在发展的主体，其发展并非单方面的，而是整体的、协调的。不论是生理的、还是心理的，不论是智力的、还是非智力的发展，都是一个互相联系、互相影响的整体活动过程。我国的教育方针所指的全面发展，是使学生各方面素质都能获得正常、健全、和谐的发展，学生的脑力与体力、做人与做事、继承与创新、学习与实践同样不可偏废。教师的教育行为必须体现学生作为发展主体的要求坚持德、智、体、美、劳全面发展。在教育的各个环节、各个方面都充分考虑到学生发展的整体性需要和教育目的的整体性要求，为学生生动活泼、主动发展创造合适的环境和条件。

最后，学生是学习的主体。作为受教育者的学生，不是被动装填知识的"容器"，不是温顺、听话的"驯服工具"，而是有主观能动性的人，是学习的主体。他们能够用独特的视角和情感方式去认识和理解世界，去发现自我，外部因素可以促进和引导这一认识、发展过程，但无法代替这个过程。教师的教育教学过程，只有通过学生，通过个体主观能动性的发挥才能实现，也才能得到积极的教育效果，因此，从这种认识出发，教师应尊重和信任学生，培养学生的自我意识和自主学习能力，让学生由被动地接受变为主动地获取，形成有难必思、有疑必问、有话必说的学风，真正成为课堂的主人。

教师需确立这样一种理念：知识的获得不是教师"灌输"的，而是学生自己"学会"的。

（3）基于技术的教学方法观

教师还要具有符合现代科技发展所提供的物质条件的教学方法观。教师必须研究新技术为教与学提供了哪些便利，做好信息技术与课程的整合，即在先进的教育思想、理论的指导下，把以计算机及网络为核心的信息技术作为促进学生自主学习的认知工具、情感激励工具与丰富的教学环境创设工具，并将这些工具全面地应用到各科教学过程中，使各种教学资源、各个教学要素和教学环节经过整理、组合，相互融合，在整体优化的基础上产生聚集效应，从而促进传统教学方式、方法的根本变革，也就是促进以教师为中心的教学结构与教学模式的变革，从而达到培养学生创新精神与实践能力的目标。

这要求不是简单地把信息技术仅仅作为辅助教师教学的演示工具，而是要实现信息技术与学科教学的"融合"。它要求突出作为整合主动因素的人的地位，并且要实现人与物化的信息之间、网络虚拟世界与现实世界之间的融合。教师树立基于技术的教学方法观是现代课程教学过程中的必然要求。

2. 淬炼满足教学需要的综合能力

首先，理解他人和与他人交往的能力。这是有效实现教师与学生的双向沟通所必需的，也是教师与他人（其他教师、管理人员、家长等）合作搞好学校教育所必需的。在教育日益社会化的时代，教师在一定意义上需要具有社会活动家的能力。

其次，组织管理能力。教师教育工作的对象是个体，但又应在班级群体中组织活动，教师要善于发挥学生群体对个体的教育作用，使每一个学生在群体生活中得到施展才能、培养意志及适应群体生活等方面的锻炼，成为学生真正的良师益友。这就需要有管理班级和组织、领导各种教育、教学活动的能力。

最后，教育研究的能力。具有科研意识与科研能力是新型教师又一个重要特征。善于从自己的工作实践中发现问题，对自己的教育行为、经验进行批判性反思，从事新的教育、教学活动的多方面探索和创造，是教师专业能力不断得到发展的重要保证，也是使教师工作富有创造精神和活力的必然要求。

（三）环境因素

1. 学校环境

教师的专业发展与其工作的学校环境密切相关，学校的组织文化是影响教师专业发展的重要因素。教师专业素养中最为核心的实践性知识和个人化的教育观念正是教师依存于特定的背景，以特定的教材，甚至特定的学生为对象，在真实的教育教学场景中形成的，是在充满情感、理想和特定的组织文化环境中逐步发展的。

2. 社会环境

教育也与社会发展密切相关，不同的历史发展阶段，社会对教育的认知不同，作为社会人的教师置身其中，其教学行为和专业发展必然受社会环境的影响，其中教育改革与发展对教师的要求，教育行政部门对教师培养和发展的政策导向及奖惩机制、教育经济制度及政策法规等，都作为社会环境因素影响着教师的专业成长。

教师专业化的标准应包括两个方面：一是社会和公众对教师专业化的认可程度；二是教师自身的专业认同感、专业责任感及专业发展。

社会和公众认可方面的标准主要包括先进的教育理念、完善的教育制度、宽松的工作环境、高尚的职业道德。

从教师自身来看，应该符合以下几点要求：尊重理解学生，关心信任学生，公平对待学生，促进师生间良好交往，营造宽松的学习气氛；充分理解教学过程，知道教是为了不教，教是为了最大限度促进迁移，不仅注重学生认知能力发展，而且注重非认知因素发展；具备良好的组织能力、教学设计能力、教学实施能力、选择与转化能力、学业成绩检查评价能力等；接受过长时间的专业培训，具有丰富的实习实践经验，通过国家职业资格考试并不断学习；具有高度的责任感和敬业精神，善于总结经验教训，不断反思教学实践，积极开展科学研究。

从客观上说，人们不会对律师、医生、会计的专业性产生任何怀疑，也不会有一名从未学过法律、医学、会计专业的大学生去直接谋求这些工作。但是没有接受过师范专业教育的人凭着非师范专业的文凭而直接成为教师的情况却屡见不鲜，也不乏许多成功的个案，这使我们的研究常常陷于矛盾的境地。

教师究竟能不能与医生、律师、会计相提并论，其专业化程度是自提出"教师专业化"问题以来，人们争论不休的话题，其焦点主要集中于以下几个方面：

其一，教师所任教学科的学术水平和教育科学素养孰轻孰重？即学术性与师范性之争。众所周知，教师的专业知识具有双重的学科基础，即任教学科知识和教育学科知识。教师教育与其他专业教育时间相同，很难保证既达到同等的学术水平，又掌握必备的教育学科知识。很多人认为只要掌握了任教学科知识，就可以当教师，是否具备教育学科知识则无关紧要。事实上，一些优秀教师并没有接受过师范教育，因此，现实生活中，师范性往往成为学术性的牺牲品。

其二，构成教师专业属性的核心是教育科学原理和技术的发展。可是迄今为止，"教育是一门科学"仍受到人们的质疑。尤其是构成专业属性核心的"学科教学法"学术水平较低，其科学性与技术性都难符合人们的心意。

其三，一种专门职业必须有明确的服务范围，但教师服务范围与其他专业相比并不明确。

因此，只有充分认识教育的复杂性，从教育的本质规律出发，才会有助于问题的解决。

二、数学教师专业发展的有效路径

（一）校本科研

近年来，以改革推动学校的发展、以科研促进教学质量的提高，已成为各级各类学校的普遍行为，这是教育发展中的一个新的现象。

1. 校本科研的基本特征

校本科研与公众性的教育研究有紧密的联系，又有很大的不同。如同自然科学中的基础研究和应用研究，公众性的教育研究更注意基础性，它要研究和解决的往往是教育中普遍存在的问题和教育的普遍规律，更重理论研究；而校本教育研究主要是在基本理论指导下的应用性研究，具有特殊性，它表现为实践体系。同时，校本科研是公众性教育研究的实践依据，通过学校教育科研的实践，才能检验公众性教育科研的现实价值。校本科研有以下几个特点：

（1）整体性

学校的整体目标反映了本校的教育理念和办学特色。

（2）主动性

校本科研是学校为了适应社会的需要及自身发展的需要，有目的、有计划、有针对性地进行的主动探索和研究，最终目的是要提高教育教学质量、促进学生素质的全面发展。

（3）机动性

由于校本的教育研究从学校的实际需要出发，根据需要而不是机械地根据课题来确定研究的内容。在研究主题选择上，可以不拘一格，选择范围广阔。如何选择，应视学校要求而定。课题可大可小，研究时间可长可短，研究深度可深可浅。

（4）实践性

校本科研必须与教育实践紧密结合，它不但要指导学校的教育改革、教育实践，甚至要与实践同步进行，边研究边实践，在研究与实践的相互促进过程中不断深化认识、提高教育质量。校本教育研究切忌脱离实践，做纯理论的逻辑论证。

2. 校本科研的实施

（1）以学校的教育教学实际需要为选题原则

校本科研的本质特征，就是以满足学校的教育教学实际需要作为第一目的。学校的教育教学需要，涉及了对人的发展的研究，内容丰富，内涵深刻。校本科研选题必须结合自己的教育教学实践，广泛深入地进行调查研究，积极学习教育理论和既有的教育经验，进行深入的思考。从学校的教育教学实际需要出发选题，具有学校自身的个性，具有深厚的根基，具有前期的认识基础、工作基础和人员储备，它的研究过程和成果拥有很强的动能和生命力。这样的选题，常常是在学校既有的成功点或是失误点上生长起来的，是植根于学校领导和教师的共识的。校本教育实践是教育科研课题产生的温床，是新的思想和新的实践产生的土壤。

（2）淡化形式，注重实质是校本科研的运作原则

作为教育科学研究，讲究一定的科研形式是必要的，但是校本科研和公众教育科研由于其服务对象、目的和价值评价方式不同，这种形式要求也大有差异。校本科研，其服务对象是本校，一般没有大面积传播的任务，其最高标准是获得实质性的认识，取得教育教学的实效。我们常常看到不少学校教师会为承担了某项课题而苦于不能做出专业科研的文件，其实，作为校本科研，这样做是不必要的，需要"减负"。我们必

须坚持淡化形式、注重实质的运作原则，这样才有利于减少无用功，节约资源，调动教师科研的积极性，缩短科研运作周期，提高科研效益。当然，为了保证研究结果的科学性，校本科研也要遵循必要的科研规范。

（3）校本科研要以学生为本

所谓以学生为本，就是在教育教学活动中认识学生、为了学生、尊重学生、依靠学生。校本科研必须处处考虑学生的长远利益，以不损害学生利益为基本原则。在教育科研中，当涉及重大改革时，一定要先进行局部实验，要以点带面、点面结合，并进行仔细的论证。

（4）校本科研与教师培养相结合

教师是教育科研的主体力量，又是教育科研的受益者。校本科研，是培养教师的重要而有效的途径。经验表明，教师投入教育科研，处于科研状态，与常规的工作相比，会更有效地提高自己并做好工作。有条件的学校，都要让教师参与科研，在科研中改变教育观念，把握教育规律，发展自己的素质，使之成为具有良好师德，具有现代教育专业水平的学者型、教育家型的教师。

（5）校本科研与公众教育科研相辅相成

强调校本科研，并不是否定公众教育科研。校本科研应当得到公众教育科研的指导。公众教育科研机构除了做好自身的科学研究，应当关心和支持校本科研这一新生事物，对学校的校本科研进行有效的指导。同时，在要求学校作为自己的合作伙伴时，要尊重来自学校教育教学改革和发展的课题，力求一致。

校本教育科学研究是学校教育中的一个重要组成部分，校本研究会给学校注入活力，为广大教师提供创造活动舞台。

（二）专业进修

1. 数学知识的深入学习

学习数学学科的前沿知识和发展动态可提高自己的数学知识水平，包括数学分析、线性代数、概率论、数学统计等方面的知识。

2. 先进的教学方法和教学资源应用

学习国内外先进的教学方法和教学资源应用，包括多媒体教学、数字化教学资源的应用等方面的知识和技能。同时，教师要学会如何将教学理论与实际教学相结合，提高自己的教学效果。

3. 加强教育教学理论的应用

教师学习教育教学理论，可加强对教育教学理论的研究和应用，提高自己的教育教学能力和素养。

（三）自我学习

教师通过自主学习（包括阅读教材、学习资料、参加网络课程等方式）可深入学习数学知识和教学方法。

第 三 章

数学课堂的设计

第一节　备课

古人云："凡事预则立，不预则废"。也就是说，要做好任何一件事情，都要预先有准备，有了准备，则可以获得成功，没有准备，则会遭到失败。人们常说的"不打无准备之仗"就是这个道理。教师上课也是一样，要取得理想的教学效果，除了要有扎实的基本功、深厚的专业功底和丰富的教学经验，还要在课前做好充分的准备。

一、备课的界定

（一）备课的含义

说法1：上课前的一系列准备工作都称为备课。备课又可以分为狭义备课和广义备课。狭义备课是指教师为上一堂课而进行的课前准备工作，主要包括教学目标的确立、教学内容的选择、教学方法的应用、教学过程的设计，教学课件的制作等。通常所说的备课指狭义的课前准备。广义备课是指教师所从事的一切直接或间接的有利于课堂教学的各种活动，主要包括对教育理念的理解、课程标准的掌握、教学素材的积累，对学生思想、学习、心理状况的了解，教学后的反思等，从这个意义上说，广义备课应是一种自觉的、长期的自我学习、自我培训、自我教育提高的过程。

说法2：备课指教师按照一定的教学目标和要求，针对具体的教学对象和教材，对教学做出预期的规划与安排的过程。备课技能主要体现在钻研教材，了解学生，确定教学目标，安排教学内容，选择教学方法，组织教学过程，设计板书，制作课件以及撰写教案等方面。

说法3：备课是教师根据学科课程标准的要求和本门课程的特点，结合学生的具体情况，选择最合适的表达方法和顺序，以保证学生有效学习。备课分个人备课和集体备课两种。个人备课是教师自己钻研学科课程标准和教材的活动。集体备课是由相同学科和相同年级的教师共同钻研教材，解决教材的重点、难点和教学方法等问题的活动。

说法4：备课是上课前所做的各项准备工作。它的实质是教师以教材为载体，根据课程目标，以对正式课程的领悟、对课程标准和学情的把握为依据，让自己的教育思想具体化。

总结上述说法，我们认为：备课是教师根据学科课程标准的要求和本门课程的特点，结合学生的具体情况，对教学做出预期的规划与安排的过程。备课工作主要体现在钻研课程标准，吃透教材，了解学生，确定教学目标，安排教学内容，选择教学方法，组织教学过程，演算并精选习题、设计板书，制作课件以及撰写教学教案（有些教师仍将教学设计称为教案）或学案等方面。备课技能是教师的基本功，也是教师的职责和应遵守的规则。备课分为个人备课和集体备课两种。备课成果按内容分为学期（或学年）教学进度计划、单元（或课题）计划、课时计划。

（二）备课工作

备课工作由制订（学期）教学计划、阶段备课、课时备课、课后备课等四个环节构成。

1. 制订（学期）教学计划

数学课程标准对每学年（或学期）的教学内容都有明确的规定，对教学目标和课时安排也有说明。但由于学生的实际情况存在学校和班级间的差别，加之教科书会与时俱进、经常修订，因而如何结合实际情况实现课程标准中的规定和要求，还需要教师认真地调查研究和细致地考虑，制订切合实际的教学工作计划。

制订教学计划是对一学期（或半学期）的数学课程制订实施方案，进行全局性战略部署。它是教学准备工作的首要环节，对整个课程的教学效果有着决定性影响。

制订教学计划时，要在明确课程标准相关依据的基础上，进一步考虑下列问题：

①根据数学课程总的目标、任务、要求，确定教学内容。一般来说，数学课程的基础理论、基本知识、基本技能训练方面的内容，要严格执行课程标准规定。只有非基本内容和选学内容，才允许根据学生程度、教学条件等具体情况有所调整变动。

②兼顾数学知识的系统性和学生接受知识的认识规律，安排教学内容的授课顺序。它应该是循序渐进，由浅入深，由简到繁，由易到难，逐步提高。我们要照顾到各部分数学知识之间及相关课程知识之间的纵横联系。

③在明确了全课程任务的前提下，概略确定各阶段（各单元或章、节）的教学目标。

④根据各阶段数学内容的性质和特点、要求学生掌握的程度及教学各方面的条件，决定课的类型、教学形式，对作业练习、教学手段、教具做全面考虑。

⑤根据各阶段数学内容的分量、主次、重点、难点、教学目标等情况，划分课时数。在总时数中需留出一定机动时间，以保证计划的顺利实施。

2. 阶段备课

在每一阶段数学课程之间，教师应在教学计划的基础上，对该阶段的数学教学做进一步通盘考虑，并落实各项物质准备。如果教学工作计划仔细周到，这项工作可以做得简单些，但绝不可忽略，否则不容易把握每一堂课在全局中的地位并达到应有效果，还可能带来工作的盲目、被动。

3. 课时备课

这是备课工作最深入、最具体、最需落实的一个环节，包括编写教案、制作课件、试讲、课前思考。

（1）编写教案

教案是教师为每一堂课的教学精心设计的实施方案。编写教案时胸中要有课程全局，以达到全课程和本阶段课程的有关要求为目的。教案要针对多数学生的水平，并兼顾两头。即便是数学课程，内容本身差异也很大，教案不可能有统一的固定模式。一般来说教案应反映下列内容：授课班级、日期；课题、教学目标、教学内容、教学环节、时间分配、教学方式方法、作业练习内容；教学设备、教具、用品。有的比较详细的教案还附有板书、不同教学方案的比较、补充参考资料索引等内容。总之，教案要能反映教学双方在课内外的全部教学活动。当然，教案只是"教师理解的课程"，重要的是在草稿完成以后，考虑如何使"教师理解的课程"变成"学生经验的课程"，这才算得上是对备课的合理思考。

（2）制作课件

重视信息技术与数学课程的整合是课程标准的基本理念。数学课程应提倡实现现代信息技术与课程内容的有机整合，整合的基本原则是有利于学生认识数学的本质。如果课件运用得恰到好处，确实能对学生理解与掌握教学内容起到传统教学手段无法起到的作用，是非常好的。但是，不宜无限放大其作用。备好课，写好教案之后，教师就可以根据备课情况制作课件。课件并非必要的。

（3）试讲

遇有不曾讲过的新内容，或是在内容、教法上有了较大变动时，都应进行试讲。必要时，教师要反复试讲，反复修改教案，特别是对于青年教师而言，试讲是备好课的一种有效方法。试讲时要从实践出发，进入角色，身临其境。

（4）课前思考

无论教案多么成熟，每节课之前，教师仍需深入思考，要把课备到心里，备到不看教案也能上课的程度。很多有经验的教师都强调课前思考的重要性，甚至在一定意义上，它比写教案更为重要。

4. 课后备课

经过对前一堂课和前一阶段课的情况进行分析，能更有针对性、更有把握进行后面的教学准备。对前一周期教学情况的总结，能使后一周期的教学准备更为有效。

要提倡在每一堂课和每一阶段课结束时，认真做课后笔记，在全课程结束后，做好教学总结。找出成功与不足之处，考虑改进的措施方案。做这些工作贵在及时和不放过点滴经验，教师对刚教完的课情况最清楚，日久天长记忆模糊了就很难回忆了。

课前备课、写教案固然重要，课后备课（反思）更有利于教师的专业成长。教案的价值并不仅仅在于它是课堂教学的准备，教案作为教师教学思想轨迹的记录，也是教师认识自己、总结教学经验的重要资料。教师如果能够记录下来遇到突发事件的处理情况，以及自己通过施教所获得的体会和感悟，则可以帮助自己总结积累经验，形成教育理念。它是教师宝贵的第一手资料，是一种实实在在的教研行动。

尽管每位教师在每学期开始时，都照例要制订教学工作计划，由于个人课程价值追求的自觉程度不同，对学期教学计划的重视程度就有差别。如期待在自己承担的课程中有所建树，便会在制订学期教学计划过程中精心设计，也就可能把日常教学的准备，看成实施自己总体构想的尝试；如缺乏这种自觉追求，便会把制订学期教学计划看作例行公事，把备课只看成一节课或一单元课上及课前的准备。

以日常的课时备课来说，大体上以编写教案为中心，分为三个步骤：编写教案的准备，其中包括吃透课标、钻研教材、了解学生情况；确定教学目标、教学重点、预设教学难点、设计教学方法；构思上课的过程，等等。把上课的想法用文本表示，便是教案。

二、备课内容

备课备什么呢？不外乎"吃透两头"，即上面吃透课程标准和教材，下面了解学生实际，也就是目中有书，重点明确，方法对头。

（一）钻研课程标准（备课标）

教材只是完成课标要求的媒介，是完成课标要求的途径和手段，教师要在课标的指导下去理解并使用教材，所以备课先是备课标。

1. 入乎其内

入乎其内就是对课程标准的每一细微之处都要认真研读。课程标准是教材编写、教学、评估和考试命题的依据，是国家管理和评价课程的基础，它体现了国家对不同阶段学生在知识技能、过程方法、情感态度与价值观方面的基本要求，也规定了数学课程的性质、目标、内容框架，还向教师提出了实施教学和评价的建议。因此，教师在备课时必须与课程标准开展认真而深入的对话，必须对课程标准进行反复阅读，做到逐字逐句，深钻细研。就具体一个章节而言，必须弄懂这个章节主要介绍哪些内容，每一部分内容要达到什么样的要求，各部分内容是怎样展开的，怎样论述的，各部分内容之间有什么联系；各部分内容中涉及哪些基本概念，应当怎样定义，为什么这样定义，怎样指导学生理解这个定义；各部分内容涉及哪些基本法则、基本定理、基本公式，它们的内容是什么，数学表达式是怎样的，适用的条件是什么，它是怎样被总结推导出来的，课程标准要求学生掌握到什么程度。

只有在钻研课程标准时做到了入乎其内，教师才能深刻认识教学内容的本质，挖掘出实质性的东西，在教学中给学生扎实有效的教育；也只有入乎其内了，教师才能根据学生已有的知识经验和接受水平，分析哪些内容学生接受起来可能会感到困难，为什么会感到困难。难点找准了，教师才能根据各种难点的具体情况，找到相应的解决办法。

2. 出乎其外

出乎其外就是说教师在深入钻研课程标准的基础上，一定要跳出课程标准看课程标准，这样才能在更高的层次上总揽全局、驾驭课程标准、理清脉络、把握重点。

数学课程标准是数学课程的总体设计。任课教师只有全面把握、深入了解本数学学科的目标要求、主要内容及其逻辑顺序，了解、熟悉数学学科各年级课程目标之间的联系，以及数学学科课程目标与其他学科课程目标之间的联系，才能从宏观上把握数学课程标准在整个课程体系中的地位和作用，弄懂本年级的数学课程目标和任务，了解、熟悉课程标准中各单元对学生在知识技能、过程方法、情感态度与价值观方面的基本要求。

只有在钻研课程标准时做到出乎其外，才能在教学中精选取舍、找准重点。就具体一节课而言，要通过钻研课程标准，明确要学习的内容在整个课程标准，以及在学生的知识结构中处于什么地位，它与前面学过的知识是什么关系，与后边将要学习的知识有什么联系，这些内容对其他学科的学习有什么作用；在所要学习的这些内容中，哪些是关键性的知识，教学中必须浓墨重彩，哪些是了解性的内容，教学中可以一带而过，哪些是目前不需要掌握或不能掌握的东西，教学中可以略去不讲；在教学中，哪些内容必须先讲，哪些内容只能后讲。只有弄清了这些问题，实施教学时才能做到先后有序、主次分明、脉络清晰、详略得当。就教材来说，课程标准要求学生掌握的知识分布在教材各个章节、各个段落中。钻研课程标准时，教师应根据数学知识的科学内涵，将知识归纳整理，形成知识网络。

（二）吃透教材（备教材）

教材是教师教学、学生学习的主要依据，钻研教材是教师备课的重要一环。只有对教材内容深刻把握、了然于胸，才能较为准确、全面地完成教学目标，同时使课堂教学流畅自然，生动有趣。

教材不仅是指教科书，应是课堂上和课堂外教师和学生使用的所有教学材料，比如，辅导书、练习册、学案、光盘、网络资源、杂志、报纸、广播电视节目、教学实物、教学课件等。当然，数学教科书是数学课程的核心教学材料。备教材，就要求教师依据自身的实践与研究，探讨数学教学目标、教材体系、结构、基本内容和教学方法的基本要求，熟练掌握数学教科书的内容，包括数学教科书的编写意图、组织结构、重点章节，广泛阅读有关参考书、精选材料、深度开发教材资源，把数学教学与育人功能结合在一起，实现教材功能的最优化。

1. 深入研究教材，把握教材精髓

备教材的基本要求是教师应该通读整套教材、分析教材，在头脑中建立整套教材的印象，这是教学设计和教学活动的基础和前提。

教师备课时，首先要准确理解编写者的意图，进入教材的内在天地。其次要把握整套教材的基本内容和基本结构，统观全局，弄清教材内容的前后联系及逻辑关系，梳理教材的知识体系，明确各部分内容的地位、作用以及相互联系，把具体内容的教学纳入整个课程的教学体系，进行统筹规划和安排。同时，教师要注意到，数学知识的相继性较强，新知识往往是旧知识的延伸和发展，又是后续知识的基础，知识的链

条节节相连、环环相扣，又不断化新为旧，不仅有纵向联系，还有横向联系，纵横交错，形成数学知识网络。只有让学生认识到知识之间的联系，学生才能深刻理解，融会贯通。只有当教师自己对数学教学内容有了较深的感受和体悟，才有可能在教学中挥洒自如，激发学生的参与热情，在交流中带动学生进行体验感悟，从而为全面实现教学目标提供保证。

2. 依据课标要求，明确教学目标

教学目标是教师预先确定，在教学活动中要达到的，利用技术手段可以测度的教学结果。它表现为学习终结行为的描述，或在教学结束时对学生知识等方面变化的说明，可从四个方面进行理解：首先，教学目标是教与学双方合作实现的目标，它表现为教师活动引起学生行为的变化。其次，教学目标是教学活动预期的结果，它表明教学是由自觉目的支配的活动。再次，教学目标是通过教学活动达到的结果，便于操作，符合学科和学生实际。最后，教学目标可以测度，教师通过学生的行为表现检验目标达成情况；教师也可以编制相对应的题目，测度目标的达成程度。

确定教学目标的基本依据是学习者的需要、当代社会生活的需求、学科的发展。尽管不同教育价值观对其关系存在不同认识，尽管除这三个来源外，还可能有其他依据，但在这三个来源是教学目标的基本依据这一点上人们已取得共识。由于社会生活的需求和数学学科的发展体现于数学课程标准、教科书之中，所以教学目标的形成要在课程标准、教材、学生之后。

3. 根据学情取舍，找出重点难点

教学重点指的是在整个数学知识体系中处于重要地位或发挥突出作用的部分，就是学生必须掌握的基本知识和技能，在数学知识体系中出现频率高、应用范围广的就是重点。教学难点指的是学生难于理解和掌握的内容。难点的形成，除了教材缘由，还与学生知识基础和学习能力等因素有关。由于重点和难点形成的依据不同，所以有的内容是重点，又是难点，有的内容是重点但不一定形成难点，还有的内容是难点但不一定是重点。

每一堂课的内容，都有它的主次。首先，我们应从全数学课程总的目标出发去考虑确定。如果一堂课的内容对全数学课程来说都是非主要的或选学的，还是要根据它本身的知识结构去分清主次抓住重点。难点是对学生而言的，应根据学生实际程度去考虑，不一定每堂课都有难点。备课时要认真分析难点所在。突破难点的办法归纳起来不外乎把抽象内容形象化；把理论问题具体化；把复杂的简单化；把集中的分散化。教学中，教师需要在分析教材的基础上，根据学情和教学目标来区分教学重点和难点。同时，教师应对教材进行合理取舍，突出重点和难点，合理舍弃是一种智慧，能有效突出教学的重点、分散难点，这是课堂教学走向自主、开放，不断提高教学效果的有力保障。

教师在对教材取舍时要注意到，首先应突出基础性，使学生在达到基本要求的前提下实现个性的发展；其次应体现发展性，使学生的能力尤其是实践运用能力和创新能力能够得到有效提升；最后应体现可接受性，教学内容的难度应与学生相匹配。备

课时，教师只有抓住了教材的重点和难点，然后根据知识的特点和学生认识事物的规律，开发教学资源，重组拓展教材，精心设计、精心安排，方能取得事半功倍的效果。

重点是教材体系中最基本的部分，难点是教材内容中学生难以理解和掌握的部分。

重点、难点确定的依据如下。

（1）课程标准

课程标准对学生在某学段通过数学课程的学习应达到的学习结果做出了全面要求。课程标准对不同的学习内容要求水平是有差别的，其中高水平要求的内容，如知识与技能目标中理解、掌握的内容应为教学的重点。教师可以从描述这些目标的动词上判断其水平，如"描述、说明、解释、总结"等表示理解水平，"分析、推导、证明"等表示掌握水平。

（2）教材

课程标准规定的学习结果是通过教材得以具体化的。在将学习结果具体化的过程中，教材中要呈现相关的概念、原理、规律及方法等，这些知识构成了学科中的核心知识或知识的枢纽，是教材中的重点内容。

（3）学生的实际

难点是针对学生而言的，与学生的认知水平、认知特点密切相关，因此确定难点还应考虑学生的实际，从学生的实际出发。那些对于学生来说太复杂的内容，都可能成为难点。

（三）了解学生（备学生）

备学生，也称学情分析。每一个学生都有不同的特点，每个班级也有属于自己的特点，这就要求教师在备课的时候要注意到学生的学情。学情分析就是对学生在学习上有针对性的、较为全面的分析，诸如对数学学习基础如何、数学学习兴趣如何、数学学习方法怎样、数学学习习惯怎样、数学学习有何特点等，都要进行分析。学情分析可以采用档案调阅、摸底测验、问卷调查、学生座谈、宿舍走访、个别谈心、班主任介绍等方式进行。通过分析学生情况，教师可设计有针对性的、合理的教学。

1. 备学生的知识基础

在教学中，学生已有的知识经验与将要获得知识是密切相关的。备学生的知识基础就是对学生以前所学知识的掌握情况有个综合分析，只有较为全面地掌握学生已具备知识的基础情况，才能较为准确地确定教学的重难点，从而确定教学方案、教学方法。具体地说，教师首先要了解与教学内容有关的学生学过的知识的情况，通过分析了解到哪些知识学生已掌握，哪些知识学生已初步掌握，哪些知识学生通过自学可以掌握，哪些知识必须在课堂教学中讲解，只有这样教师在课堂教学中方能做到详略得当、事半功倍。其次，教师还要了解学生掌握的其他相关学科知识的状况，通过分析了解到学生掌握的其他相关学科知识情况，一方面有利于提升教学质量；另一方面可以引导学生，利用所学数学知识来帮助他们理解掌握其他学科知识，这样既拓宽了学生的知识面，也使学生体会到各学科间的联系。如数学中向量、三角学的学习与物理学中力学、运动学的学习可以相互促进。

2. 备学生的学习能力

学生的学习能力是指在学习过程中独立获取知识的能力、收集处理信息的能力和动手操作的能力等。学习能力在很多种基本活动中表现为观察力、记忆力、抽象概括能力、意志力、理解能力等。学生可以通过自学达到教学目标，以及学生通过理解、分析、归纳较为容易掌握的内容，课堂教学中可以略讲。这样，在教授知识的同时，既强化了学生的自学能力，又培养了学生的其他能力。对学生学习能力的分析，可以了解掌握学生间的学习能力差异，从而采取灵活的教学策略，真正做到因势利导，因材施教。

3. 备学生的学习风格

学习风格是学习者一贯的带有个性特征的学习方式，是学习策略和学习倾向的总和。学习风格的特征主要表现在三个方面：一是独特性，学习者受到的家庭教育和社会文化的影响，都具有鲜明的个性特征；二是稳定性，学习风格是个体在长期的学习活动中逐渐形成的，一经形成，即具有持久稳定性，很少因学习内容、学习环境的变化而变化；三是兼有活动和个性两种功能，每个学生在自己长期的学习过程中，因为先天和后天因素的影响，学习方式都会有所不同，渐渐地，每个人都会偏爱某种学习方式，进而形成自己的学习风格。班级也有自己的学习风格，一个班级一段时间就会形成班风，有些班级思维活跃反应迅速，但往往思维深度不够、欠缺准确性；有些班级则较为沉闷，但具有一定的思维深度。教师应该结合教学经验和课堂观察，捕捉相关信息，关注学生的学习风格，因材施教、合理引导。当然，学情分析还包括分析学生的学习经验、思想状况、身心特征等。教师教学的对象就是学生，学生是教学活动的出发点和归宿，学情分析是对以学生为中心的教学理念的具体落实，其重要性不言而喻。

（四）选择教法（备教法）

教学方法就是在教学中为完成一定的教学目标任务所采取的教学途径或教学程序，是以解决教学任务为目的的师生间共同进行认识和实践的方法体系。教学方法的分类有多种，按照教学方法的外部形态，以及相对应的这种形态下学生认识活动的特点，教学方法分为五类。第一类是以语言传递信息为主的方法，包括讲授法、谈话法、讨论法、读书指导法等；第二类是以直接感知为主的方法，包括演示法、参观法、现场教学法等；第三类是以实际训练为主的方法，包括练习法、实验法、实习作业法；第四类是以欣赏活动为主的教学方法，如陶冶法等；第五类是以引导探究为主的方法，如发现法、探究法等。

教师选择教学方法的目的是要在实际教学活动中有效地运用。首先，教师应当根据具体教学的实际，对所选择的教学方法进行优化组合和综合运用；其次，无论选择或采用哪种教学方法，教师要以启发式教学思想作为运用各种教学方法的指导思想；最后，教师在运用各种教学方法的过程中，还必须充分关注学生的参与性。

（1）教学有法，必须领悟方法真谛

教学的方法很多，每种教学方法都有着自身的特点、使用条件以及范围。例如：①讲授法是教师通过简明、生动的口头语言向学生传授知识、发展学生智力的方法，它是通过叙述、描绘、解释、推论来传递信息的，以传授知识、阐明概念、论证定律和公式，引导学生分析和认识问题。讲授法的优点是教师容易控制教学进程，能够使学生在较短时间内获得大量系统的科学知识，但如果运用不好，学生学习的主动性、积极性不易发挥，就会出现教师满堂灌、学生被动听的局面。②讨论法是在教师的指导下，学生以全班或小组为单位，围绕教材的中心问题各抒己见，通过讨论或辩论活动，获得知识或巩固知识的一种教学方法，其优点在于全体学生都参加活动，可以培养合作精神，激发学生的学习兴趣，提高学生学习的独立性。③任务驱动教学法是教师给学生布置探究性的学习任务，学生查阅资料，对知识体系进行整理，再选出代表进行讲解，最后由教师进行总结，可以以小组为单位进行，也可以个人为单位组织进行，它要求教师布置任务要具体，学生要积极提问，以达到共同学习的目的。这样，教师可以让学生在完成任务的过程中，培养分析问题、解决问题的能力，培养学生独立探索及合作精神。科学、合理地选择和有效地运用教学方法，要求教师能够在现代教学理论的指导下，熟练地把握各类教学方法的特性，能够综合地考虑各种教学方法的各种要素，合理地选择适宜的教学方法并能进行优化组合。由于不同教学方法总有其适用范围和自身的局限，而一节课中的教学目标的达成，很难通过单一的教学方法来实现。只有教师真正掌握了多种教学方法，领悟了教学方法的真谛，才能根据特定的教学内容和教学目标，选择出符合学生认知规律，有利于发挥自身特长的教学方法。

（2）教无定法，必须胸中装满方法

教学方法要与教学内容、教师和学生的实际以及教学情境相适应，有什么样的教学内容、教学情境，就应该有什么样的教学方法。教学方法的使用没有固定的模式，而应该因人、因地、因时而有所差异。教学设计是教师为学生规划学习的过程，这种规划是在预设的条件下，只能有预期效果，即使规划是教师进行了深入调查之后进行的，也难以保证实施过程中规划无须调整。在教学中改变甚至完全抛开事先写好的教学步骤是常有的事，往往事先设计得越具体，可能需要调整的也就越多，而且课堂教学中随时可能出现预设之外的新问题、新情况，这就需要教师在教学过程中灵活地调整教学策略和方法，因此，备教学方法只不过是对教学过程中使用何种教学方法实现预定目标的预测和设计。教师要遵循教学方法的科学规范，针对不同的教学目标来预设各种教学方法。教学过程中，根据具体的教学情境，随机应变，真正做到"教学有法"与"教无定法"的和谐统一。

（3）教学得法，需要启发式教学

统领教学方法的变革重要的是教学思想、观念的转变。教师必须确立学生的主体地位，树立一切为了学生的发展的思想，其核心就是处理好教与学的关系。教学方法就是指导思想的不同，大致可以分为注入式和启发式两种。注入式是指教师在教学中，将现成的知识结论生硬地灌输给学生的一种教学方法。这种方法不考虑学生学习认识过程的客观规律，以及他们的理解能力和知识水平，并主观地决定教学进程，强迫学生呆读死记，也称"填鸭式教学法"，注入式教学严重阻碍学生智力和独立学习能力的发展。启发式是指教师在教学过程中根据教学任务和学习的客观规律。从学生的实际出发，采用多种方式，以启发学生的思维为核心，调动学生的学习主动性和积极性，促使他们生动活泼地学习的一种教学指导思想。任何一种教学方法都不是万能的，都有各自的优点和特定的功能，又有其不足的地方，有效备课不仅要考虑具体的教学方法的使用，也要考虑包括教学方法、组织形式及课堂管理因素的组合，应该使之形成整体，为实现课堂教学目标服务。课堂教学中把各种方法结合起来使用，可以触及教材各部分的特点，使学生更好地发挥自己在学习活动中的能力和才干，并为自己找到最合理的掌握知识、提升能力、发展情感的途径。教师选择教学方法的目的，是要在实际教学活动中有效地运用，无论选择或采用哪种教学方法，都要以启发式教学思想作为运用各种教学方法的指导思想，在进行优化组合和综合运用教学方法时，还必须充分关注学生的参与性。

第二节　说课

一、说课的界定

（一）说课的含义

说课是指教师以课程标准、教育理论、教材为依据，针对某一课题的自身特点，结合学生的实际情况，口头表述该课题教学的具体设计、实施及其理论依据的一种教学研究活动。其目的是要分析教学行为背后的支持，将教学行为背后的思路、理念等认知性的东西反映出来。

开展数学课的说课活动，可以促进教师更好地掌握和运用数学教学理论，使其进一步熟悉课程标准，理解教材，调动教师本身的文化积淀，使教师运用自己的知识和经验去使用教材，提高教师准确选择教法、学法的能力及口语表达能力和逻辑思维能力，提高教师的整体素质，从而全面提高高校数学的教学质量。如果说课演变为竞争激烈，以分数形式加以区别的比赛或表演，或被异化为一种用来评估教师课堂教学的工具。这是对说课的扭曲和误解。

（二）说课的意义

由于说课能够展现出教师在备课中的思维创新过程，能凸显出教师对课程标准、教材、学生的理解和把握的水平以及运用有关教育理论和教学原则组织教学的能力。说课受到广泛重视，主要由于其有如下的意义。

第一，说课有利于提高教师备课的质量。很多教师的备课比较粗糙，也比较传统，备课笔记只是简单地写写教学目标、教学重难点和授课内容，很少以一个研究者的角度认真思考怎样去教，怎样安排教学活动，导致备课质量不高。说课可以引导教师去思考"为什么要这样教学"，从根本上提高教师备课的质量；说课还可以丰富备课内容，促进课堂教学。同行评论和补充可以把个人备课、集体备课与备课研究有机地结合在一起，使备课内容更丰富、更完善，从而能更好地服务于课堂教学。

第二，说课有利于提高教研活动的实效。以往的教研活动（同行评教）一般都停留在上几节课，再请几个教师评评课。上课的教师处在一种完全被动的地位，听课的教师也不能完全理解授课教师的意图，双方完全是在走形式，起不到相互提高的作用。而说课作为同行评教的一种形式，有说就有评，说评结合，旨在说、评双方的共同提高。它是说课者与听课者的双边活动，说课者要用清晰、准确的语言述说自己的教学意图、处理教材的方法和目的；而听课者目睹了说课者的现身说法，从中受到启发，对自己也是一种提高。说课使同行评教的主题更加明确，重点更加突出，提高了教研活动的实效，实现了说、评两方的双赢。同时，我们还可以通过对某一专题的说课，统一"同头课"教师的思想认识，探讨共同的教学方法，提高教学效率。

第三，说课有利于提高课堂教学的效率。说课不仅能帮助教师提高对备课、讲课的理性认识，还有利于克服备课和讲课过程中的随意性和盲目性。说课可以使教师进一步明确教学的重点、难点，理清教学思路，从而克服部分教学过程中重点不突出、训练不到位、方法不适当的问题，提高课堂教学的效率。

第四，说课有利于提高教师的自身素质。一方面，说课要求教师具备一定的理论素养，为了说好课，教师必须加强教学理论、专业知识的研究，这就促使教师不断地去学习教育教学的理论，主动翻资料、查依据、寻教法、制教具，与同行商讨，向老教师学习，这样，教师由"被动教"到"主动教"，提高了教学的积极性，无形中也提高了自己的教学水平；另一方面，说课要求教师用语言把自己的教学思路及设想表达出来，这也在无形中提高了教师的语言组织能力和表达能力，提高了教师自身的素质。

从教师成长角度来看，说课是教师提高综合素质实现专业成长的有效途径。

1. 有助于增强教师的课程意识

从课程论角度来看，"怎么教"的问题一定程度上要取决于"教什么"，只有确定了"教什么"，谈"怎么教"才有意义。从课程理解角度探讨说课心理过程，有利于将教师的注意力从"教学"转移到"课程"上来，不仅思考"怎么教"，还要关注"教什么"，强化教师的课程意识，引导他们从理论高度思考课程与教学，而不仅仅停留在教学方法等技巧、技术层面的借鉴与创新。

2. 有助于教师生成实践知识

在实践中反思，在反思中实践，是教师专业成长的有效途径。说课时，教师不仅要说"怎么做、怎么理解"，还要说"为什么这么做、这么理解""这样做、这样理解是否合理"，从而把自己对课程与教学的认识显性化、系统化，这正是教师反思的重要内容。这样的反思有助于教师更新自己的教育教学理念，建构属于自己的、系统的学科教学知识。

一般来说，教师知识有理论知识与实践知识两大类，其中前者主要来自系统学习，后者更多来自教师经验。在教育教学过程中，对教师影响最大的往往是他所信奉的实践知识，但这些实践知识又多处于一种缄默状态，而说课则恰恰为教师知识的外显、管理和共享提供了有效途径。

二、说课的内容

一般说来，数学说课应包括说教材、说学生、说教学目标、说教法及学法、说教学过程五方面的内容。其全过程的具体操作可以具体描述为分析教材的地位和作用，学生的认知基础和特点，确定本节课的重点、难点和教学目标，选择相应的教法、学法和教学手段，并逐一说明依据。按照教学环节简述教学进程，说明课堂教学活动的组织安排、突出重点、突破难点、解释疑点和布置作业等各项教学的操作、意图及其效果。

（一）说教材

数学教材是课程标准的载体，是教师教、学生学的直接材料与首要资源，是进行课堂教学设计的主要依据。说教材，就是在认真研读课程标准和教材的基础上，系统地阐述选定课题的教学内容、内容之间的逻辑关系、呈现方式，阐明本节内容在本章乃至整个教材中的地位和作用及其与其他章节或其他学科的联系等。

1. 说教学内容产生的背景

揭示相关数学知识产生的背景和发展历程及其与其他知识的联系，挖掘其教学价值或对教学的启迪。

2. 说教材的地位和作用

关于教材的地位，一是寻找本节内容在教材中所处的位置，从总体上把握教材内容的编排顺序和编者意图。明确本节内容在课标具体内容标准中属于该模块的哪一主题，在教材中属于该模块的哪一章、节，分析编者为何这样安排。二是分析本节内容与其他章节的联系，包括与相关内容及其与其他相关学科之间的联系，将本节内容置于更大范围的知识结构之中。这样才能把握住教学重点，才能在教学中处理好该部分内容与其他内容之间的关系。三是分析教学内容与教学目标之间的关系，分析每部分教学内容与目标之间的对应关系，使每部分内容都有其针对性。

3. 说知识类型

研究数学概念、命题以及例题和习题，把握数学本质及其应用的数学思想方法。辨别教学内容是陈述性知识还是程序性知识，或是言语信息、智慧技能、动作技能和认知策略。这项分析的必要性是因为不同类型的知识需要截然不同的学习认知方式，也需要截然不同的教学指导方法。

（二）说学情

说学情主要是说学生针对本节课已有哪些经验及学习中可能出现哪些困难，并为其采取相应的教学对策提供可靠的依据。

①说学生先前知识技能和学习动机。认知心理学的研究表明：人类有效学习的最重要的内因条件是学生原有的知识技能和学习动机。成功的教学必须建立在学生已有的知识技能基础上，帮助学生找到新旧知识的内部联系，才能使学生更好地保持新的知识技能水平。知识与技能分析，常常要从学生学过的数学教材中或者教师曾经补充过的内容中寻找与本节课相关的内容，为教学中给学生搭建学习的台阶以及使这些内容与新知识之间形成联系奠定了基础。学习动机决定了学生的学习态度、注意力和持久性，尽管教师不能给予学生动机，但是在教学中激发和促进学习动机，既是教师的责任，也是提高其教学有效性的需要。

②说学生思维认知特征。人的认知发展是分年龄、分阶段，逐渐从低级向高级增长的。教师常规的做法是以自己的思维认知方式来表述和讲授知识，而忽视了他们与学生思维认知水平之间的巨大差异。于是教师觉得自己已经讲得很清楚了，可学生还是听不懂、理解不了。如何在教学中依循认知发展的规律性，帮助学生经历内部认知结构的积极建构，这是一个有待我们发掘的重要教学研究领域。

③说学生学习困难预期。尽管造成学习困难的因素是多方面的，但最为重要的有动机的缺乏，先前知识技能的不足，认知思维能力欠缺以及不良学习行为的惯性作用。教师若想战胜这些潜在的困难，就必须通过交流、倾听、换位思考、行为观察和心理分析等方法，深入地了解学生在学习中可能出现的困难，做真正能够"解惑"之师。因为教学的困难不仅在于知识点的难度，更在于学生理解的困难程度。所以教师在进行学情分析后可以预设教学难点。

另外，学情分析也是我们选择教学方法的一个重要参考依据，如果不知道学生已经理解的东西和已有的认识经验的话，教师对教学策略的运用就可能不恰当或者是根本无效的。

（三）说教学目标

教学目标是预期的学生的学习结果，是课堂教学的核心。说教学目标即说明确定教学目标的依据是什么，具体的目标是怎样确定的。

1. 依据课程标准

首先，教学目标三个维度的确定应依据课程标准。课程标准将课程目标划分为三个领域：知识与技能、过程与方法、情感态度与价值观。教学目标是课程目标的具体化，是课程目标的载体，其领域划分与课程目标一致。其次，各教学目标的内容和水平的确定依据课程标准。依据课程目标的具体内容标准，参照标准中对不同层次学习水平及其使用动词的说明，确定各目标的内容和水平，并恰当地选择相关的动词的清晰表述。

需要说明的是，课程标准在总体上将课程目标分解为知识与技能、过程与方法、情感态度与价值观三个领域，但这三个领域相互渗透、有机结合、不可分割，在具体描述教学目标时，可以相互照应，只要容易观察、方便操作、适合评价即可，其不宜硬分割成知识与技能目标、过程与方法目标、情感态度与价值观目标。

2. 参考教材

教材是课程标准的具体化，因此，学习目标的确定还要参考教材，主要是参考教材中各个板块的划分、教材的组织形式及呈现方式。将教材各板块的划分情况与课标具体内容标准中的知识与技能目标相结合，进一步将其分解、细化，便于操作。根据教材的组织形式及呈现方式，结合课程目标，确定过程与方法目标和情感态度与价值观目标。

3. 依据学生实际

教学目标是为学生制定的，因此，确定学习目标还要考虑学生的学习起点和能够达到的水平。我们应注意课程标准中规定的是学生应达到的最低要求，是每位学生必须达到的标准。在学生能力允许的条件下，可以实现高于课标要求的学习目标。

（四）说教法及学法

说教法及学法，从教师的角度来说，主要是说明"怎样教"和"为什么这样教"的道理。这说明教者是用什么方法落实课程理念并实现教学目标的。从学生的角度来说，主要说明学生要"怎样学"的问题和"为什么这样学"的道理，说明学生是怎样在教师的引导下进行学习的。

1. 说明选择教学方法的依据

首先，依据教学目标。课堂教学中，选择和运用教学方法的目的是有效达成教学目标和完成学习任务。对于不同领域或不同层次教学目标的有效达成，要借助相应的教学方法。例如，讲授法适用于某些低水平要求的知识目标，而高水平要求的知识目标完全采用讲授法则难以达到目标要求。依据目标选择方法时应兼顾三维目标的共同达成，以实现重要目标的方法为主，将几种方法合理组合运用。

其次，依据教学内容的特点。课堂教学中还应根据教材的性质和具体教学内容的特点，选择适当的教学方法。例如，当涉及实验方面的内容时，如果采用单纯的讲授法就不适合，必须有实验法。

最后，依据学生的实际。教师的教是为了学生的学，因此，教学方法要有针对性，要适应学生的基础条件和个性特征学情。另外，还要依据教师本身的素养，依据各种教学方法的职能、使用范围和使用条件，依据教学时间和效率的要求。

2. 说明选择的教学方法如何体现课程理念或教学原理、原则

将教学方法与课程理念、教学原理、教学原则联系起来，说明教学方法中隐含的理念、教学原理及原则。例如，发现法突出体现了"倡导探究性学习"的课程理念。

3. 说明教法与学法之间的联系

将教学方法分别从教师的教法和学生的学法两个方面来阐明，并说明二者之间的联系。例如：读书指导法，对于教师的教，侧重于指导学生读书的方法，并在学生易产生疑问、难于理解、容易出现问题之处予以指导。对于学生的学，则以读书为主，在教师指导下完成阅读的任务，学会阅读的方法。

（五）说教学过程

说教学过程。这是说课的核心部分，既要说清准备通过哪几个教学环节，借助何种教学手段，突破教学重难点，实现自己预设的教学目标，又要说明自己这样实践的理论依据。

教学过程是师生为达成教学目标而经历的一系列的教与学的活动程序、步骤。说教学过程，要简要说明教学全程的总体结构设计，说明总体结构各阶段采取的教学策略。

1. 说教学过程的总体结构设计

说教学过程从总体上划分为几个阶段。教学过程可以按照一般的教学基本环节划分成导入、复习旧知、呈现新知、练习巩固、反馈评价、小结几个阶段，排列顺序依教学需要而定，各环节之间有交叉；可以按照教材分析中的知识结构、知识的内在逻辑关系安排；可以将教学内容问题化，按照问题间的逻辑关系安排；也可以按照知识发生发展阶段来安排。几种划分方式通常有交错和综合，常常以其中的某一方式为主线。

2. 说教学过程总体结构中各阶段采取的教学策略

说明在教学过程各阶段中主要教学内容及其呈现方式、师生活动的方式、各阶段（特别是重点难点）采用了什么方法、各阶段分别达成了什么目标、媒体应用与板书设计，说明各阶段设计的意图和理由。以各个教学阶段为单位，参考教材分析中的教学内容呈现方式，分别说明主要教学内容及其呈现方式；说明各教学阶段师生活动的类型及二者如何对应协调，体现的理念与教学方法；说明采用什么方法解决了本节课的教学重点、难点，有何创新之处；说明各教学阶段分别对应什么目标，达成了哪些目标；说明为达到预设的学习目标，应用了哪些媒体，用在何处，这样做的道理是什么；说出较详细的、体现学习目标与学习内容的板书设计，使听者明确本节课的学习目标、明确教者的思路及其对教材的理解程度和对重难点的把握。

三、说课稿的撰写

一篇说课稿，一般应从以下几个方面来写。

（一）简析教材

教材是进行教学的评判凭据，是学生获取知识的重要来源。教师要吃透教材，简析教材内容、教学目的、教学重点、难点。

①教材内容部分要求说明说课内容的版本、册数、所在的单元或章节；②本课内容在教材中的地位、作用和前后知识之间的联系；③教学内容是什么，包含哪些知识点，体现了什么数学思想方法；④课程标准对这部分内容的要求是什么；⑤三维教学目标的确定，教学的重点、难点和关键点的确定。

（二）分析学情

教案中对学生的分析不必写出来，而是体现在整个教学设计中，通过对教材重点、难点的确定及教学方法的选择来体现。而说课稿则一定要说出来，否则，听的人或是阅读说课稿的人就无法了解。如果说课并不针对具体的班级，则在分析学生时主要应突出学生现有的认识基础，学生的年龄特征，学生是否具备学习新知识所必需的"先决条件"。

（三）阐述教法

教师在熟悉教材的前提下，怎样运用教材去引导学生搞好学习，这就是教法问题。教学得法往往是事半功倍的。

在撰写说课稿时应简要地说明：①教法的总体构造及依据；②具体采用了哪些教学方法、教学手段及理由；③所用的教具、学具。教学实践证明，一堂课根据教材特点选用几种不同的教法结合使用，可增强教学效果。

（四）指导学法

学法包括"学习方法的选择""学习方法的指导""良好的学习习惯的培养"。在撰写时应突出地说明：①学法指导的重点及依据；②学法指导的具体安排及实施途径；③教给学生哪些学习方法，培养学生的哪些能力，如何激发学生学习兴趣、调动学生的学习积极性。

（五）概说教学程序

这部分内容实际就是课堂教学设计，既要有具体步骤安排，又要把针对性的理论依据融会其中。撰写时应科学地阐述：①课前预习准备情况；②完整的教学程序（主要是怎样铺垫、如何导入、新课怎样进行、练习设计安排、如何进行小结、时间如何支配、如何通过多媒体辅助教学强化认知效果）；③扼要说明作业布置和板书设计；④教学过程中双边活动的组织及调控反馈措施；⑤教学方法、教学技术手段的运用以及学法指导的落实；⑥如何突出重点、突破难点以及各项教学目标的实现。在撰写时，教师应重点讲清楚每个环节安排的基本思路及其理论依据，还要做到前后呼应，使前三个方面的内容落到实处。

四、说课的语言

说课之道，关键是把握住"课"，依据教材特点和学生实际，以教育教学理论为指导，精心设计教学程序。展示自己对教育教学理论理解的深度，展示自己对学生学情把握的准确度，展示自己在教学设计上的独到之处，这才是说课成功的根基。"说"是形式，"课"及"课理"是内容，只有做到形式与内容辩证统一，才能达到预期的说课目的。

说课者大部分采用独白语言。由于说课是通过说来帮助听者想象课堂教学全貌，判定和推断教学效果的，给听者足够的思维时间和空间就显得十分重要。通常情况下，说课者要言之有理、言之有物、演示要生动形象、富有感染力、语速要快慢交替、条理清楚，切忌拿着事先写好的讲稿以读代说，更不能一字不漏地以背代说。如下介绍说课的基本策略。

说课者在整个说课过程中都要彬彬有礼，既表现出对教师的尊重，也体现出说课者的个人修养。特别要注意使用敬称和谦语，尤其要重视开场白和结束语中的礼节性语言。

1. 开场白与结束语

说课开始时，说课者应先有一段问候语。问候语应根据具体情况而定。接着再报告课题，说明本课题选自哪一版本、在教材中处于哪一册、哪一课时。说课者在主要内容说完之后不能戛然而止，应有一句谦语。

2. 言之有度

说课语言要有分寸。因为说课是课前的构思和预想，毕竟是一种对教学过程的预设，所以对教学效果和学生的反应不宜用肯定的语言表述，如"学生一定会""学生肯定会"或"学生必然会"等。这样过满的、带有自夸性质的语句极易引起听众的反感。

3. 说课语言的对象感

说课与上课不同，没有学生参与互动，说课主要采用独白方式，多运用独白性的陈述性语言、说明性语言。说课人要在 10～20 分钟内独自介绍自己的教学设计思路，在这期间他人一般不插话、不干扰、不指点、不提示。说课时不能把听者当作自己的学生，说课是说者与听者平等的思想交流，因而说教材分析、学情分析、教学目标、重难点、教学过程时宜采用客观性、陈述性、说明性语言。

4. 自然得体的体态语言

体态语言又叫态势语言、动作语言，指说话人具有表意功能的动作、表情、姿态。说课时恰当得体地使用体态语言，能辅助有声语言，增强表达效果。说课者要不卑不亢、大方自然，挺胸抬头、站稳站正。身体不要左摇右晃，也不要拘谨呆板，一动不动。由于说课一般是面对多人讲话，因而说课人目光不宜只面向一侧或一个人，说课人要用自然的目光与听者交流。说课人自然亲切的微笑，会给说课现场营造轻松、愉快的氛围，给自己带来自信。说课者可谈笑风生，但不能眉飞色舞。此外，说课者要仪表整洁，注意服饰发型不要太新潮另类，可化淡妆但不可浓妆艳抹等。

说课应注意细节：①读稿。一般地，说课时间是 10～20 分钟，在说课之前一般会给说课教师一定的准备时间，这样说课者心中就不慌了，表面上也能给人流畅的感觉。其实，说课应该称为"演说课"，要求说课者把为什么这样教和指导学生怎样学的理论依据"演说"给同行听，因此说课者要尽量脱稿，草稿充其量只能是个"演说"提纲，要增加肢体语言，声情并茂地说课，尽量争取把听者的注意力、思维引入自己的预设中，使听者受到感染，引起他们的共鸣。②板书。由于受说课时间的限制，有些教师在说课时不写板书。其实，在说课的过程中适当写板书是非常重要的。如在介绍自己的说课课题时，在黑板上写下课题。教材中的一些重要概念、命题也可写在黑板上。板书可以向听者展示说课者的书写才华，又能吸引听者的注意力，关键是能让听者知晓本课的重点。

第三节　上课

上课，指教师在具体的课堂环境中对既定的教学方案进行实践运作的过程。上课技能主要体现在引起学习动机——导入技能；传授知识和传播思想——讲解技能；培养学生能力——提问技能；教学内容直观——演示技能和板书技能；促进和塑造学生正确学习行为和态度——强化技能；提高教学信息的接收效率和减轻疲劳——变化技能；教学内容的融会贯通和保持——结束技能；答疑解难与传递教学信息——语言技能。

一、导入技能

（一）导入技能的含义

"导"就是引导，"入"就是进入学习。"导入技能"就是指教师以教学内容为目标，在课堂教学的起始阶段，用巧妙的方法集中学生的注意力，激发学生求知欲，帮助学生明确学习目的，引导学生积极地进入课堂的学习的教学活动方式。

（二）导入技能的类型

教学没有固定的形式，一堂课如何开头也没有固定的方法，由于教育对象不同，教学内容不同，每堂课的开头也必然不同，教师要敢于想象、敢于创新，采用灵活多样的方式导入新课。在数学教学实践中，教师总结出一些导入新课的方法。这里仅介绍经常用的以下几种方法。

1. 温故知新导入法

数学是一门逻辑性、系统性很强的学科，我们学习新的知识往往都需要之前的旧知识作为基础。所以，从复习旧知识的基础上提出新问题，为学生学习新知识铺路搭桥，这样不但使学生复习和巩固了旧知识，而且可把新知识由浅到深、由简单到复杂、由低层次到高层次地建立在旧知识的基础上，用知识的联系来启发思维，促进新知识的理解和掌握，消除学生对新知识的恐惧和陌生心理，及时准确地掌握新旧知识的联系，达到温故知新的效果。

2. 类比导入法

数学中有许多知识在结构上类似，可采用类比导入法。它是利用学生已有的某种知识，一上课就由这种知识类推出另一种知识的方法。类比导入法运用了对比分析的做法，联系旧知识，提示新知识。这种比较有利于学生明白前后知识的联系与区别，对前后联系密切的知识教学具有温故知新的特殊作用。

3. 创设情境导入法

在数学课堂教学中，教师科学创设情境、巧妙导入新课，激发学生的学习兴趣，调动学生的学习积极性和主动性，使学生在自主探究中水到渠成地理解数学知识，开发数学智力，提高数学能力。

4. 实际问题导入法

以实际问题为切入点引入新课，不仅自然，而且反映了数学来源于生活，同时体现了知识的发生过程。

5. 数学典故导入法

数学典故有时也反映了数学知识的形成过程及本质。用这样的典故来导入新课，不仅能够加深学生对数学的热爱程度，还能够提高学生学习数学的兴趣。

6. 直接导入法

直接导入法是教师直接提出新课的学习内容，使学生直接进入学习状态。当一些新授的数学知识难以借助旧知识引入，或知识是事实性知识或操作技能时，教师可以开门见山地点出课题。这样做，教学重点突出，能使学生很快地把注意力集中在教学内容最本质、最重要的问题上。

7. 悬念设疑导入法

悬念设疑导入法是教师从侧面不断巧设带有启发性的悬念疑难，创设学生的认知矛盾，唤起学生的好奇心和求知欲，激起学生解决问题的愿望来导入新课。

（三）导入技能的要求

各种不同的导入技能，在设计和实施中，应尽量符合下列要求。

①目的性。导入要针对教材内容、明确教学目标，抓住教学内容的重点、难点和关键，从学生实际出发，抓住学生年龄特点、知识基础、学习心理、兴趣爱好等特征，做到有的放矢、不能喧宾夺主，只顾追求形式新颖而不顾内容。

②关联性。导入要具有关联性，要善于以旧拓新、温故知新，导入的内容要与新课的重点紧密相关，能揭示新旧知识联系的交点。

③科学性。导入设计应该建立在科学的教学理论系统基础之上，要确保导入内容本身的科学性，即做到导入内容准确无误。

④简洁性。导入要精心设计，力争用最精练的语言，集中学生注意力，使学生接受或掌握，并在课堂教学中行之有效。

⑤启发性。富有启发趣味性的导入能引导学生发现问题，激发学生解决问题的强烈愿望，能创造愉快的学习情境，促使学生自主进入学习，起到抛砖引玉的作用。

二、讲解技能

（一）讲解技能的含义

讲解也称为讲授，是教师运用语言向学生传授数学知识，引导学生分析、综合、理解、概括，形成概念，掌握定理、法则等的教学方式，它是教师用语言启发学生数学思维、交流思想、表达情感的教学行为。讲解技能是数学课上最基本的教学手段。通过讲解，教师可以向学生讲述某一数学事实，或者突出重点、明确解题途径、提炼解题方法，也可以对某个具体问题进行解释说明、分析推理也可以对数学问题进行评价、探讨。讲解技能的正确运用可以在短时间内向学生传输更多的信息，同时易于教师理清教学思路。

（二）讲解技能的要求

①目的明确，重点突出。每一段讲解都要有一个突出的主题，要围绕主题提供材料，不能使人不知所云。

②语言准确。教师讲解语言的正确性、准确性和科学性是讲解技能的基础。有研究表明，教师讲授的条理性与学生的学习成绩呈正相关。

③注意与其他技能配合使用。中学数学课堂教学中要避免长时间的大段讲解，长时间的大段讲解不利于调动学生学习的积极性，也容易使学生疲劳，一段讲解最好不要超过10分钟，并且要注意与其他提问技能、板书技能等配合运用。

三、提问技能

问题是数学的"心脏"，数学教学中通常通过提问来推动学生数学认知的发展。

（一）提问技能的含义

提问技能是教师以问题的形式，通过师生的相互作用，检查学习、促进思维、巩固知识、运用知识、实现教学目标的一种教学行为方式。提问技能是教师在课堂教学中进行师生相互交流的重要教学技能，是课堂各项教学基本技能的重点，也是比较复杂的教学技能。提问技能既渗透于各项教学基本技能的运用之中，又统领各项教学基本技能共同实现教学目标，提问的作用不可低估，它在课堂中的一般表现为：

①激发学生的思维活动，使学生主动投身于教学活动中去。

②监督和督促学生及时巩固学过的知识，把新旧知识联系起来系统掌握。

③及时获得反馈信息，教师据此来诊断学生的学习情况，有利于对教学活动的调整。

④正确引导学生思维方向。当学生思维出现偏差或茫然无措时，教师一个导向性的提问便可以使学生找到正确的思维方向。

⑤提问可以集中学生的注意力，活跃课堂气氛，培养学生的语言表达能力。

（二）提问技能的类型

①知识性提问。在教学之后，学生能凭借记忆的事实性知识进行回答的提问。

②理解性提问。此类提问要求学生对已知知识进行内化处理之后，再用自己的语言进行描述。理解性提问可以帮助学生进一步理解数学概念的内涵和外延及数学公式

的应用范围和条件，尤其是在学习比较相近、相似或相反的概念或结论时，通过理解性的提问，达到对所学知识的进一步掌握。

③应用性提问。这类提问要求学生运用已掌握的知识来解决问题。这包括概念外延界定、定理法则的运用、运算方法的实施等，这类提问不仅要求学生对已知的知识进行归纳、分析，还要进行加工、转化，达到透彻理解，系统掌握。

④分析性提问。分析性提问不具有现成的答案，要求学生识别条件和原因，或者找出条件之间、原因与结果之间的关系，寻找根据进行解释或鉴别或推理，分析性提问需要进行较高级的思维活动，教师应给予必要的提示，才能得到预期的效果。

⑤综合性提问。这种提问要求学生综合运用所学知识对问题做出解释和回答，或对认知结构中各类模式的分析、比较作出评价。这类提问不仅仅要求学生用单一知识、单一方法、单一思维思考问题，而是综合运用所学过的知识，从不同的方向，运用多种思维思考问题，有利于培养学生的创造力和思维能力。

⑥评鉴性提问。评鉴性提问要求学生根据自己的理解说出对某个问题的观点或见解。

（三）提问技能的要求

①提问的目的要明确。提问要有明确的目的，这是课堂提问成败的先决条件。教师的发问不是随意的，不是无的放矢，而是根据自己的教学思路，化教学要求为教学问题，变学生的认知冲突为数学问题，根据课堂目标、内容、学生的认知发展水平等方面提出不同的问题。

②提问要面向全班同学。数学教学要"面向全体学生"。由于学生的认知结构及水平的差异，教师的提问与引导又要能面向大多数学生，绝不能使"尖子生"成了课堂活动的"主角"，而使大部分学生把自己当作"局外人"，从而导致他们学习的积极性和学习能力每况愈下，因此，教师在课前备课时，要对所有的学生做到心中有数，要预先设置好不同层次的问题。在课堂上，教师要善于观察每一位学生的微妙变化，提出不同层次的问题使每个学生都能得到提高。

③提问后要留有足够的思考时间。在课堂教学中，有时教师为了完成教学任务，在提出问题后只停留一两秒就要求学生回答。学生由于思考时间不足、精神紧张，通常无法作答或者回答错误。反过来，教师却要花费更多的时间去纠正学生的错误，这种课堂提问是无效的或低效的。数学课堂提问只有让学生进行适当的思考，才能体现提问的价值。在学生作答后，教师也应对学生的回答作出评价，不能在不做评价的情况下急于让其他同学回答。

④提问后宜进行追问。追问是追根究底地查问，多次问。这就要求学生提出更多的论据，观点更加清晰、更为准确，做更加具体的说明，或给出具有独创性的观点，以促使学生提高回答的质量。有效的追问源于正确的教学理念、灵活的教学方法。高效的教学应对正确回答了一个问题的学生提出另一个问题，以鼓励他进一步思考，以对主体学习过程进行有效控制，努力实现既定的教学目标。

四、演示技能和板书技能

（一）演示技能

1. 演示技能的含义

演示是教师在课堂教学时结合有关内容的讲解把各种直观教具及实验等展示给学生，把所学对象的形态、特点、结构、性质或发展变化过程展示出来，是用媒体传递信息的行为方式。

由感性到理性是学生认识事物的主要途径。直观教具的演示，图表的展示，多媒体、投影仪等的运用，都是为了化抽象为形象，帮助学生理解；或培养学生观察能力，提高课堂教学效率。演示也能自成一种教学方法，叫作演示课和演示教学法。

演示是出现较早的一种辅助教学的方法，由于它符合从直观到抽象的思维，再从抽象的思维到实践这一人类认识规律，因此受到了人们的普遍重视。学生学习的知识是间接经验，但仍然需要感性认识作为基础。他们的感性认识，一方面是在生活中取得的；另一方面是在学习中，特别是通过观察教师演示直观材料来取得的，或直接地参加实验、实践等活动而获得的。在教学中，教师如果只凭语言、文字这些抽象的符号，所能唤起学生表象的完整性和鲜明性，远不如刺激物直接作用于学生的感官所产生的知觉那样鲜明、具体和深刻。所以，在解决教学上比较抽象和复杂的问题时，如果借助于直观形象，将有助于学生思维的顺利发展。

演示虽然是一种教学的辅助方法，但随着科学技术的发展，大量的现代教育技术、媒体进入教学领域，为教学演示提供了丰富的手段和材料，为改革教学方法起了较大的推动作用。

2. 演示技能的要求

①在备课时要准备好演示使用的工具，制作好课件等，并先操作几遍，熟练掌握演示过程，确保其在课堂上可顺利演示。②演示要具有示范性。教师操作要规范，一丝不苟。③演示时要指导学生观察。演示的目的是使学生获得感性认识，所以必须指导学生认真观察，积极思考，抓住关键，抓住本质。④及时总结，明确观察结果。教师要通过现象的观察、数学的分析、综合、概括和判断，得出结论。

（二）板书技能

1. 板书技能的含义

板书是教师讲课的重要手段，数学教师离不开板书。这是因为概念的定义，公式的推导，定理的证明，数和式的运算，图和形的展现都要用板书的形式。板书和口头语言相比，最根本的特点是表现的内容可以逐字逐句展开，并且能够停留下来由视觉感知，教师配合学生视觉来逐字逐句讲解，可以契合学生思维的速度，后面的内容也随时可以与前面的内容对照，非常适合学生学习数学。所以，板书主要有如下的意义：①弥补口头语言不足，加深学生理解。②解释教学内容的结构体系和教学顺序。③突出重点，强化记忆，减轻负担。④激发学生的学习兴趣，启发思维。⑤便于学生记笔记，在课后复习。⑥体现教学艺术。

2. 板书技能的应用要求

①书写要规范、有示范性。教师书写规范，方便学生看，还有引导和训练学生养成良好的书写习惯。

②设计板书要注意启发性、条理性，布局要合理。板书要经过精心设计，确定好板书的内容和布局，要体现数学知识之间的内在联系。

③板书要内容简明、重点突出。教学板书要重点突出，详略得当，不必面面俱到。一节课结束后，应该通过板书就能纵观全课。

此外，教师一定要写好字。教师的字写得好，不仅能给学生以美的享受，而且能提高学生的审美品位，教师不仅能赢得学生的敬重，而且能使学生对数学产生一种特殊的感情，更加喜爱数学，也更愿意在数学学习上加大"投入"。与此相反，如果数学教师的字迹潦草，歪歪扭扭，甚至出现错别字现象，学生就会瞧不起教师，对课堂教学产生了不容低估的负面影响，久而久之，学生就会对数学课失去兴趣。

五、强化技能

（一）强化技能的含义

教师在教学中依据"操作性条件反射"的心理学原理，对学生的反应采用各种肯定或奖励的方式，使学习材料的刺激与学生反应之间建立稳固的联系，帮助学生形成正确的行为，促进学生思维发展的一类教学行为，是教师通过各种方式促进和增强学生的某一行为朝更好的方向发展的行为方式。

（二）强化技能的要求

①目的明确。强化形式不能滥用，一定要争取正确的学习行为。

②强化要恰当。及时强化要恰到好处，若使用不当，反而会分散学生的注意力，达不到强化的目的，甚至事与愿违。

③注意形式多样化。强化形式要灵活运用，要个性化，要适合学生的年龄特征。

六、变化技能

在数学课堂教学中，教师要让学生集中注意力于学习活动，并能保持一定的注意力，并不是只凭课堂纪律就能维持的，也不应该只依靠课堂纪律的约束来维持，而是要通过教学环境中的各种变化来实现的。如教学材料刺激方式的变换，教学媒体的变化，教学组织形式的变化以及教师教态和情感表达方式的变化等，都能帮助学生集中注意力，并积极与教师和教学材料进行情感的交流，能消除疲劳，维持好奇心和敏捷思维，激发创造力。变化技能的实施，能促进学生进行有效的学习活动。

（一）变化技能的含义

变化技能是教师在课堂上变化教学媒体的类型、变化教学形式以及变化对学生的刺激方式，引起学生的注意和兴趣，减轻学生疲劳，维持高效有趣的教学秩序的教学行为。变化技能是最具教师个性特色的教学技能之一，由教学中具有"变化"特征的教学行为组成。

变化技能的作用：

①激发并保持学生对教学活动的注意力，提高学习效率。课堂教学中，教师运用变化技能，比如，习题的处理可以是教师示范讲解，学生扮演，师生评价，独立练习，同位订正等形式，目的是使学生的注意力始终集中于练习，保持良好的学习状态。

②在不同认知水平上为学生提供参与学习的机会，优化教学过程。不同的学生在某一阶段的认知水平和学习能力是存在一定差异的，对信息的接受和反馈程度也不同。这就要求教师在讲解的时候充分利用变化技能，不同的信息传递方式，让不同学习能力的学生都能够参与学习活动。

③创造活跃、开放、自由的学习环境，强化学习效果。教学过程中，学习环境对学生的情绪有着直接的影响。学生注意力高度集中会消耗相当大的脑力和体力。长时间集于同一个或同一类事物会使学生思想疲惫，注意力下降，从而影响学习效率。如教师能很好地利用变化技能，充分调动学生积极性，从多个感官刺激学生，激发其学习兴趣，并能够进行多渠道的交流，那么就能使教学活动顺畅、高效进行，营造良好的课堂气氛，提高学习效率。

（二）变化技能的要求

①运用变化技能目的要明确，变化要及时。

②选择变化技能时要针对学生的能力、兴趣，以及教学内容和学习任务的特点。

③变化技能之间，变化技能与其他技能之间的连接要流畅，有连续性。

④变化技能的应用要有分寸，不宜夸张。教师在课堂上的表现不同于戏剧表演，必须行之有效。如果变化技能使用的次数过多，会分散学生的注意力，影响教学效果。

七、结束技能

（一）结束技能的含义

结束技能是教师完成课堂教学活动或一项教学任务时，有目的、有计划地通过重复强调、概括总结等方式，以精练的语言对知识和方法进行归纳总结，学生对所学的知识和技能进行及时的、系统化的巩固和应用，并转化升华，新知识稳固地纳入学生的认知结构，形成完整的知识结构，并为以后的教学做好过渡所采用的一类教学行为。

结束技能主要用于一堂课的结尾，但也不局限于一堂课的结尾，任何相对独立的教学阶段都可以用到，小到一个概念、几个练习题的完结，大到一章教学任务的结束。

一堂课以艺术性的方式收场可以使学生对教学内容遐想联翩，深思求解，或有所启迪而渐悟其理。从信息加工的角度看，结束技能帮助学生在新知识学习中获得的信息进行提炼、筛选、简化、记忆、储存，并通过与原有知识的联系，从而促进知识的结构化和迁移运用，使新知识有效地纳入学生的认知结构中的过程。完善、精要的结尾，可以使课堂教学锦上添花，余味无穷。

结束技能基本的作用：①重申知识的重点，强调概念、定理、公式和解题的关键；②概括知识结构；③再现思维过程，总结数学思想方法。

（二）结束技能的类型

常用的结束技能的类型有以下几种。

1. 概括式

这种结尾是在课堂结束前，利用较短的时间把教学的内容、知识结构、思想方法采用叙述、罗列等方法加以浓缩、概括，以强调重点，使学生对整节课有一个清晰的整体认识。它多用于新授课的结尾，也是最常用的表现方式之一。其特点是简明扼要，便于记忆。

2. 悬念式

教师选择当节课的知识点作为下一节课的铺垫和伏笔，激发学生进一步学习的兴趣，便于下一节课的顺利进行。在课堂结束时，选择时机设置悬念。这是教师引发学生探究欲望的一种方法。好的悬念能诱发学生的求知欲，能激发学生的想象力，使学生迫切希望知道下文，自发进行课外阅读，或利用网络资源进行研究，或预习下一节的内容，为课堂教学做好充分准备。

3. 点破疑团式

在新课的导入和讲解环节，设置一些悬念来引起学生兴趣，或启发思维，或引发探究欲望，而这些悬念在某些方面讲解过程中，如果不宜点破或没有顾及，那么在结尾时，留下几分钟点破疑团，就显得这节课完整、自然。

八、语言技能

语言是教学信息的载体，是教师完成教学任务的主要工具。苏联教育家苏霍姆林斯基说，教师的语言修养在极大的程度上决定着学生在课堂上的智力劳动效率。因此，教师的教学语言技能是提高教育、教学质量的基本教学技能。

（一）语言技能的含义

语言技能是教师用正确的语音、语调、语义，合乎语法逻辑结构的口头语言，对教材内容、学生问题等进行叙述、解释说明的行为方式。教师的语言技能水平，是影响学生学习的重要因素，在引导学生学习、启发学生思维、传递多种信息方面具有重要作用。但是，语言的运用也常常与指导学生的观察、操作、思考、练习、讨论等学习活动结合进行。

教学语言是语言这一人类交际工具在教育、教学领域中的具体运用，又是教师以选择最完美的语言为手段，传递信息、指导学习、与学生交流合作的技能，因此，教学语言除具备一般语言的共同性质外，还显示出与其他语言的明显区别，具有明显的教学特征：教育性、科学性、简明性、启发性、可接受性。

（二）课堂教学语言的要求

课堂教学包括教师导入新课、讲授、板书及现代教学手段应用，学生讨论、观察、实验、练习等一系列教学活动。在这些活动中，教师的语言技能是非常重要的，它不仅标志着教师的教学质量和水平，而且会影响着学生学习的质量和水平。所以，教学过程对教师课堂教学的语言技能要求较高。

1. 导入课题的语言要求

教师在导入新课时，要想激起学生思维的浪花，像磁石一样把学生牢牢吸引住，就需要教师精心设计导入的语言。总之，无论采用什么方法导入新课，都应具有目标意识、效率意识和吸引意识。教师的语言既要确切恰当，又有画龙点睛之妙，也应朴实无华、通俗易懂，有实事求是之意，更应生动活泼、饶有风趣，给人以幽默之感。

2. 课堂讲解的语言要求

课堂教学的成败与教师的讲解有直接关系，而讲解的优劣又取决于教师语言的逻辑性、透辟性和启发性。①逻辑性。主要指准确地使用概念，恰当地进行判断，严密地进行推理的特点。但口头语言必须简短明快，语气的舒缓或急切，语调的轻重缓急，都应服从于教材本身的逻辑性，依靠语言的逻辑力量。当然，教师在讲解时一定要按照学生的理解水平进行逻辑推理。②透辟性。主要指阐发得透彻、尖锐，引导得当。要做到这一点，教师必须提高自己驾驭教材的能力，能够对全课以至整个章节的教材都有准确的分析，分清教材的主次，把握住重点和难点，把时间用在解决关键问题上，做到一通百通。③启发性。主要指充分激发学生学习的内部诱因，运用适时而巧妙的话语给学生以启迪、开导和点拨，培养学生的认知兴趣和思维能力。启发性是数学教学语言的基本特征，应贯穿于讲解的始终。因为要使学生获得牢固的知识，就必须促使学生进行思考。讲解信息不能过于饱和，在学生想知道而不知道时进行启发。促使学生产生思考的火花，就是使学生认识到各种事物和现象之间的交接点，认识到各种事实和现象串联起来的那些线索。

3. 归纳、总结的语言要求

归纳、总结是在两种情况下进行的。一种是在某个定理、概念、原理等讲解之后，通过归纳、总结，学生得到一个清晰的结论，在这种情况下，教师的语言主要是分析事实，适当穿插演示，采用的方法多以讲解、直观演示为主；另一种则是在全课结束时的归纳、总结，使学生掌握全课的脉络、主要内容和概念，再根据学生掌握概念的水平和运用概念的能力组织练习。无论哪一种情况下的归纳、总结，教师的语言都应力求体现凝练性、平实性和延伸性。①凝练性。主要指语言简练、简约、要言不烦。此时的讲解是点到即止，用压缩的语句，去引导学生对学过的内容在重点之处进行回味、咀嚼。②平实性。主要指语言的质朴、严谨、实在，一切以促使学生领会问题的主旨为中心。此时，大可不必采用渲染、点染和烘托的方法。③延伸性。主要指顺延、伸展、向新的深度和广度掘进。此时，应当运用具有延伸性内涵的语言，刺激学生从自己的精神领域中寻找并扩散到与课堂上所学内容相同的千百个接触点，以这些内容为依据，张开思维的翅膀，向更广阔的领域探索。这也正是我们进行课堂教学的真正目的。

第四节 听课

一、听课的界定

（一）听课的含义

听课是教师凭借眼、耳、手等从课堂情境中获取相关的信息资料，从感性到理性的一种学习评价及研究的教育教学方法，也是教师相互交流、相互学习、促进自我反思的重要途径。听课也是一种技能，需要经过一定的学习与培训。因为听课者一方面应具备一定的教学素养和经验；另一方面应掌握一定的听课技术要领，需要以原有教育思想和经验为基础，以听、想、记、谈为保证的主体性综合技能。听课不是目的，是手段和途径。

从教师听课类型分析，教师听课一般具有三种类型：一是听课者为了研究教学问题或进行同伴互助，通常听课目的明确，这类听课具有提高教师教学能力的作用；二是听课者以学习教学设计、教学风格为重点，以模仿为目的；三是听课者为完成学校规定任务，这类听课往往关注的是教师讲课的大致过程，缺少问题发现及问题研究。第一种听课类型较为有效。

（二）听课的意义

1. 有利于教学质量的提高

课堂教学是学校教学工作的主要阵地，是学校教学质量和教师教学水平最基本的体现形式之一。反映教学质量和水平高低的方式很多，但课堂教学是基础和前提，重视课堂教学的原因就在于此，学校整体教学水平如何，教学中有什么经验和不足等问题，通过听课可以得到基本的评价。

2. 有利于良好教研风气的形成

不同的学校有各自的实际情况，在同一所学校，教师的能力、风格、专长、实践经验等也有很大差异。通过听课，教师不仅可以了解自己或其他教师课堂教学的实际情况，做到相互学习和交流，取长补短，共同提高，而且可以融洽各方面的人际关系，增进相互信任，有助于集体合作、营造良好的教研氛围，促进教学改革的深入。

3. 促进教师专业化发展

教师在课堂教学中往往意识不到自己的教学行为，通过听课不仅可以学习到别人的经验，吸取别人失败的教训，用别人的方法指导自己的教学，更主要的是可以对自己的教学进行反思和研究，将一些听课得到的感性认识归纳为理性认识，发现自己教学中的不足，通过取长补短，相互交流来改进自己的教学。

通过听课可以学习优秀和先进教师的教学理念、教学方法和教学经验等，通过思考分析即论证总结，就可以组织观摩课等听课学习活动，推广其方法和经验等；其他教师可以通过听课活动学习到那些优秀和先进的理念、方法和经验，结合自己的教学实际进行思考和吸收，促进自己的成长和提高。

二、如何听课

（一）听课准备

在听课活动中，很多人夹着本、拎着笔匆匆地走进教室，在他们看来，听课只要带着耳朵去听，带着笔去记就行了，而忽视了课前的准备。听课前的准备工作是听课活动的重要组成部分，是提高听课活动实效性的一个非常重要的环节。

在正式进入课堂听课之前，听课者要"有备而来"，这样可以使听课者全身心地投入课堂，全方位地收集课堂信息，提高课堂观察与课后评析的针对性。课前做好充分准备的听课者，在课后评析的时候会有更充实客观的材料，说理就能更充分、准确，见解也能更深刻、精炼，从而使自己的点评指导更具说服力。听课前要做好以下准备。

1. 学识准备

听课之前的学识准备并不只是课程标准、教材和上课教师的教案，它是一个综合体，既要对教学理念和数学教改信息有所把握，又要对所听课的教学目标、教学内容、教学方法等有所了解，既要调查上课教师学生的基本情况，又要检视自己的教学观念。

（1）用先进的理论武装

先进的教育思想是人类长期积累与探索的结晶，先进的教学思想，尤其是教育哲学智慧不可能是教师自发的产物，而是人类在长期的实践过程中积累起来，为我们进行教育教学提供了可遵循的原理和规则，甚至是技术，但是我们的数学教学却不要被理论所束缚，没有用之四海皆准的理论。我们应在数学教学实践中检验修正理论，让理论滋养数学教学这棵"常青树"。

（2）熟悉课程标准

课程标准是一切教学活动的依据，无论是研究人员还是教师，都必须了解课程标准。有人会说太多了，我们看不过来，看了也记不住。要重点看课程标准的理念、目标、教学建议、教学评价。听课前，听课者要先初步了解一下所听课的课题，针对课题大致构思一下自己的教学设想，对所听课的教学目标、教学内容、教学方法等有所了解，以足够的心理准备走进课堂，避免听课和记录的盲目性。只有这样，我们才能拥有一双火眼金睛，发现授课教师的优点与不足，进行分析、点评。如果你对教师讲的内容不了解，内在的东西抓不着、摸不透，观课如水中花、镜中月，那么你的评析会不着边际，不会令人信服。

（3）了解教改信息

在当今课程改革背景下，数学教育领域会涌现出许多新的教研成果，需要我们实践，更需要不断地丰富理论学习和经验借鉴，通过横向比较，结合自身实际找差距，汲取新经验、新理论，探求共识，"站在巨人的肩膀上"，会少走弯路，达到事半功倍的效果。当然，理解别人的经验，消化吸收后就转化为自己的营养，绝不是简单的"拿来主义"。

（4）了解上课教师情况

如教龄、文化程度、职务、职称、业务水平、教学经历、性格特点等，这样我们才能通过课堂观察解读出隐藏在教师背后内在的教育观念。因人而异，与不同授课教师沟通时采取适当的方式，提出让授课教师接受的想法和思路，从而发挥听课指导教学的作用。

（5）了解学生情况

学生是学习的主体，学生学得好与坏是检验一节课是否成功的唯一标准。作为一个听课者，如果在深入班级听课前，对多数学生的学习水平能力态度都有一定的了解，便更能准确判断教学效果。

2. 工具准备

为了全面收集课堂信息，我们在听课时不仅要携带听课笔记本，有条件的话还可以带录音机、摄像机等设备。

3. 心理准备

听课者在进入课堂前要做好情绪上和态度上的准备。每次听课都要做到心平气和、不急不躁，要站在学习者的角度去听课，听课者必须首先有意识地转变角色，收敛自己的优越心态，放下架子，充当学生，使自己处于学情当中，要设身处地从学生角度、按学生水平去听课，换位思考，这样我们对课堂会有一个基本认识，这堂课学生是否学会了，教学设计是否实用便一目了然。

4. 注意穿着和座位

为保证所观课的自然性，观课者还应注意自己的穿着和座位。观课者的穿着应尽量不引人注目并坐在教室的角落或最后，以免影响课堂。观课者要尊重教师的劳动，在听课过程中，如果课堂出现一些问题，听课者不能高声评论，甚至当即指责或者议论而影响课堂秩序或中途离开等不礼貌的行为。

5. 舆论准备

舆论准备是向上课教师表明听课的目的，解除上课教师的心理障碍，避免出现怀疑、误解、不满等消极情绪。即使是领导，一般也应和教师进行简短的谈话，让教师明白观课是为了了解学生的教学情况和教师教学情况，目的是提高教学质量，促进教师专业发展，不是给教师评等级，不让教师产生紧张情绪。

如果是师范生教育见习听课，有的师范生的角色还不能很快转变，还完全以学生的角色听授课教师的课,听课中总认为授课教师讲的都是对的,授课教师采用的教学方法都是好的,其结果是在听课中完全以学习、模仿的心态来听课,不能够深入思考授课教师为什么采用这样的教学方法进行教学,为什么要这样来设问,在评课时便不会对授课教师的教学提出疑问。这就需要听课者实现角色转换,学习听课技能。

(二) 听课角色的转换

1. 进入学生的角色

师范生应站在学生的角度,依据学生的认知水平去听课。体验这种角色,就是立足于学生的基础去看教师的教材处理、教学设计能否有效地突出重点,突破难点,能否引导学生主动获取知识,完成知识建构。体验这种角色,应注意不要完全进入学生角色,忘记听课目标。

2. 进入欣赏者的角色

师范生听课的最佳角色是欣赏家而不是评论家,要抱着学习的心态与感恩之心,学习老教师的长处与闪光点,提炼教学风格与教学特色,为我所用。要用美的眼光去感受授课教师的仪态美、语言美、板书美等外在美,也要认真领略授课教师精巧构思、严密推理、严肃实证所展示的科学理性美,还要用心去体会尊重、发现、合作与共享的和谐美,更要用心去体会授课教师无私交流、乐于奉献、关爱学生的高尚人格。这是更高境界的美,值得每个师范生永远去学习追求。

3. 进入授课者的角色

听课时,师范生应把自己定位为教学活动的参与者,而非旁观者。课前注意研读教材,预先分析授课内容,明确教学目标、重难点知识以及重要的数学思想方法,设计出初步的教学方案。注意研读授课教师的教案,对教材、教法、学情、目标达成乃至授课教师的教学思想有预先的认识和把握。这样有备而听,将实际教学与教案加以对照,就能站在更高的层面来仔细观察、理性分析,从而发现授课教师处理教材的技巧,处理偶发事件的艺术,找到自我差距,变被动听课为主动听课。

(三) 听课听什么

1. 听

主要听上课教师是如何以学情为依据分析和处理教材的,包括教学是否体现课程标准理念;教学重点如何确立,是否突出,如何解决;教学难点如何设计及突破;如何运用教材是教教材还是用教材教;是否有创新的地方,应用了什么新方法、新举措;教师的思路是否开阔,是否多向、多层次、多侧面地思索问题并开展教学;教师的口头语言表达是否准确严密,简洁易懂,吸引学生。

2. 看

(1) 看教师

看授课教师如何安排课堂教学结构,组织课堂教学。看课堂教学目标的设计;如何实现将学生的知识、技能、情感态度以及对其创造力的培养有机结合;看课堂教学内容的设计；怎样突出重点，分散难点，因材施教，贴近学生最近发展区；看看课堂教学结构的设计，主要有导入设计、问题设计、板书设计、课堂练习设计、课后作业设计、拓展内容设计、时间分配、节奏控制、内容过渡，等等。例如，问题设计，课堂提问是课堂思维的表现形式，是课堂节奏的控制器，是教学思想的体现者。数学课堂上最忌提问的形式和内容过于简单化、形式化、表面化。好的问题设计既体现了教师思维的准确性和变通性，又能针对学生的特点体现出层次性、思考性、发散性、集中性、趣味性、过渡性和总结性，等等。再如，板书设计，精心设计的板书集科学、精炼、好懂、易记于一体。既能反映课堂内容全貌，又能突出重点，使学生兴趣盎然，活化知识，加深对知识的理解与记忆，有利于学生构建知识框架，完善知识体系，再现教学情境。看教学方法手段的设计；教学方法手段的设计是否与教学目标、教学内容相匹配；传统的教学工具是否与多媒体有机结合相得益彰。

听课者要注意捕捉并理解授课教师的想法，学习宏观把握课堂的技巧。

（2）看学生

学生是否主动与教师交流，参与到教学过程中，课堂气氛是否活跃；学生发现问题、分析问题和解决问题的能力是否得到培养，提出的问题的正确性、逻辑性、独特性和创造性如何。

3. 记

一节课包含的信息量是巨大的，逐字逐句、有言必录既没必要，也不可能，但寥寥数字、真相不清同样不可取。一般来说，听课记录可以重点围绕下列五个方面进行。

（1）课程基本情况

一旦走进课堂，就要记录听课的日期、班级、上课教师、课题、课型、环境布置等基本情况。

（2）教学内容的选择和教学思路的展开

听课中要将上课教师根据课标要求、教学规律、学生的知识和能力基础等方面因素确立的一节课的教学内容（尤其是重点、难点、关键点）尽可能详细地记录下来，教学思路是指上课教师根据教学内容、教学辅助条件等设计出的上课的脉络和主线，它反映了一系列的教学环节是怎样编排的、各环节之间是怎样衔接过渡的、怎样安排教学内容的详略、怎样安排教师的讲与学生的学等。听课中，首先要把教师怎样创设情境、导入新课，怎样展开课题、怎样逐层讲授新课，怎样突出重点、突破难点、分析关键点，怎样小结、巩固新课，怎样设计多种形式的练习，加强知识的应用与迁移等记录下来；其次要把教师在环节过渡时使用的衔接语言、反映教师教学智慧的关键语言以及教师对某些问题的新见解和思考方法等记录下来；最后，还要把各教学环节所投放的时间、教师和学生各自支配的时间等记录下来，这有助于考量教学时间的安排是否合理。

（3）学生的课堂反应

课堂教学不单是教师一方的教学行为，更包括学生一方的学习行为。学生是学习的主体，教学中一切活动都要围绕学生这一中心来组织。所以，在听课中要十分重视记录学生的学习情绪、学习习惯、参与状态，重视记录学生回答问题时表现出来的推理水平、理解程度。此外，由于每个学生都有自己的思维，他们会从各自的角度去考虑问题，因而有时他们会针对同一个问题提出不同的见解。这些见解可以拓宽教师的教学思路、提高教学水平，也能为课后开展教学科研积累新的素材，所以这也是听课记录要记的重要内容。

（4）教师的教学基本功

教师的教学基本功包括教师的教态、语言、板书和教具、多媒体的使用等。听课中要注意从上课教师的言行举止入手，记录下教师的教态是否热情、自然、庄重、亲切；语言是否清晰有效；板书是否言简意赅、条理清楚、重点突出并给人以美感；能否根据教学的需要适时、适当地运用教具和多媒体等教学手段及操作的熟练程度；能否灵活地调控教学，能否在学生提出不同的见解和发现后将其及时处理等。

（5）听课者的个人反应和思考

听课中，听课者要对观察对象进行思考，及时、准确地将课中值得肯定和借鉴的出彩之处、需要改正和补救的失误之处、有待研究和澄清的疑惑之处记录下来，将课中特殊情境或偶发事件出现时，听课者头脑中产生的思维火花记录下来，以免因时过境迁而烟消云散，失去它们宝贵的价值。

第五节　评课

作为一名教师，不仅要学会备课、说课、上课、听课，还得学会评课。

一、评课的界定

（一）评课的含义

评课，顾名思义，指评课教师在随堂听课后，对授课教师某堂课的教学行为和结果进行一系列评价的教学研究和交流活动，其主要方式是评课教师对授课教师的授课内容、授课方式和手段等要素进行评讲。评课是教师在观摩课堂教学后，根据一定的教育思想和教学理念，反思课堂教学，对教学中的优势与不足进行切实的分析与评价的教研活动，评课是教师的一项基本技能或基本功，它不是无师自通的，必须经过长期的理论与实践的学习才能养成。

（二）评课的意义

评课是一项重要的学校教研活动。众所周知，教师在上完一堂课后，若能及时进行教学反思，并且这种教学反思是基于听课教师集体评课后的认真思考，所以评课能提高课堂教学质量，是促进教师相互合作与交流、增加教师专业发展经验、促进教师成长的重要途径，因此，准确评课具有十分重要的意义。

1. 诊断学生的优势与不足

通过听课、评课，教师可以明白两个方面的问题：第一，学生的薄弱环节，也就是今后的教学重点；第二，学生已掌握的知识或技能，也就是今后不必花时间的地方。这是一种很有价值的诊断性评价，有助于教师明确学生的优势与不足。

2. 监控学生的进步

评价能帮助教师评判学生是否取得了预期的进步。课前教学设计预设的目标，经过40~45分钟的课堂教学后，课堂练习或提问可发现学生存在许多模糊不清的认识或不能灵活解决的实际问题。这时，授课教师就应该对教学进度或教学方法进行适当调整。也就是说，通过监控学生活动的方式了解学生的学习进步情况，及时改进教学中不足的方面，不断改善教师的教与学生的学两方面的情况。

3. 评定教师的教学效果

教师可以根据学生在课堂中的问答、解题运用和测验来评价自己的教学效果。比如，一位教师在某章教学计划所设计的时间内完成了教学任务，通过单元测验，绝大多数学生已掌握了该章的知识与技能。这说明这一章的教学取得了预期的效果，那么对教学就无须做过多的调整了。此外，收集一些教学前后的相关测验数据（如学生的学习态度、各种技能、测验成绩等）作为评判的依据，以此推断出教师究竟指导学生学会了哪些内容以及培养了学生的哪些技能，因此，教学评价在评估教师的同时，其主要功能在于优化教师的教学行为，提高课堂教学成效。

4. 明确教学目标

一般情况下，教师对课程标准的要求理解得越透彻，就越能有效地明确教学目标，使教师的教学决策更有效。所以，评课为明确教学目标、制定教学策略提供了帮助。

二、评课的原则

（一）评课要坚持"以学生的发展为本"

基础教育课程改革的核心理念是"以学生的发展为本"。评课要从学生全面发展的需要出发，注重学生的学习状态和情感体验，注重教学过程中学生主体地位的体现和主体作用的发挥，强调尊重学生的人格和个性，鼓励发现、探究与质疑，以培养学生的创新精神和实践能力。

（二）评课要从有利于教学的诊断和正确的导向出发

课堂教学是一个"准备—实施—目标达成"的实践过程，是一个复杂多变的系统，要全面反映这个过程需要考察相当多的因素。正确评价一堂课，要着眼于课堂教学的全过程。在评课过程中关键是要突出对体现素质教育课堂教学的基本要素的考察，以利于在评价中进行有针对性的诊断和指导。

（三）评课要坚持评教与评学相结合

课堂的主体是学生，教学目标的落实最终要体现在学生的学习过程之中。课堂教学评价要改变传统的以"评教"为重点的倾向，把评课的重点转到"评学"，以此促进教师转变观念，改进教学。要把评课的关注点，从教师传递知识转向学生的有效学习，转向如何针对个体差异进行因材施教，以进一步促成课堂教学形态的转变：将过多的统一讲授转变为以适当的统一讲解与有指导的自学或自由选择条件下的探究、研讨相结合的课堂。

（四）评课要从实际出发

课堂教学评价要符合课堂教学改革的实际，评价的标准是期待实现的目标，但这个目标应是在目前条件下能够达到的，这样才有利于发挥评价的激励功能。此外，评价的内容和要点必须是可观察、可测量的，要根据实际情况进行判断，评价要注重质性评价和综合判断。

三、评课内容

数学课的好坏，最重要的一项评价指标在于教师引导学生数学思维的深度。但由于数学课堂上学生的思维状态不一定是外显的，所以从学生的角度来说，这是比较难以检测和评价。按传统的方法，教师的教学情况更容易评价一些，当然，即使是对教师的教的评价，也要关注学习主体。

（一）评教师的教学思想是否正确

评价一堂课，首先要看教师的教学思想是否正确，是否把教师视作学习活动的组织者、引导者、合作者，把学生视作学习活动的主人。如果教师认为教学就是教师讲、学生听，那么在实际教学中必定会采取注入式的教学方法；如果教师认为教学就是为了让学生获得高分，考入重点学校，那么必然只对尖子生感兴趣，对基础一般和较差的学生视而不见。

（二）评教学目标

注重全面性教学目标是教学的出发点和归宿，它的正确制定和达成，是衡量一堂课好坏的主要尺度。所以，评课首先要评教学目标。

首先，从教学目标制定来看，要看是否全面、具体、适宜。全面，指能从知识与技能、过程与方法、情感态度与价值观等三个方面来确定；具体，指知识目标要有量化要求，过程与方法、情感目标要有明确要求，体现数学特点；适宜，指确定的教学目标，能以课程标准为指导，体现学段、年级、单元教材特点，符合学生年龄实际和认识规律，难易适度。

其次，从目标达成来看，要看教学目标是不是明确体现在每一教学环节中，教学手段是否都紧密围绕目标，为实现目标服务；要看课堂能否尽快地触及重点内容，重点内容的教学时间是否得到保证，重点知识和技能是否得到巩固和强化。

（三）评教材处理，注重创造性

首先要看教材的组织、处理是否精心。教师是否能根据教学目的、学生的知识基础、学生的认知规律以及心理特点，对教材进行合理的调整与充实，是否加强了方法、应用、探究等方面的内容以及学科间的整合和综合。其次，看教学程序是否科学，教材体系及知识体系是否把握准确、教学重点是否突出、教学难点是否突破、内容取舍是否妥当。最后，要看是否全面完成了教学任务，培养和发展了学生的思维能力，使教材系统转化为了教学系统。

（四）评教法运用，注重有效性

从教师对教学方法选择与运用的角度，评议教师在课堂教学中所采用的方法是否能从本年级学生心理特点出发，创设问题情境，引导学生积极思考，从而培养学生的能力，最大限度调动学生的学习积极性；评价教师对来自课堂中的各种信息做出了何种评判，形成了何种反馈，又是如何处理这些反馈信息的。

（五）评学法指导，体现教学特点

评课除了要考察教师怎么教，还要看教师如何指导学生学。例如，考察教师能否从数学内容与特点着眼，针对学生的年龄差异、心理特征、学习基础、学习方法、学习能力、思维特点、学习修养、学习环境和条件等方面对学生学习进行相应的指导。又如，考察课堂能否建立和形成发挥学生主体性的多样化的学习方式，以促进学生主动而富有个性化的学习。

（六）评教学过程，突出合理性

教学目标是通过教学过程完成的。教学目标能不能实现，要看教师教学过程的设计和实践是否科学。教学过程评价包括以下几个主要方面：

①看教学思路设计。教学思路是教师上课的主线，它是根据教学内容和学生水平两个方面的实际情况设计出来的。它包括内容的选择，环节的过渡，详略的安排，讲练的设计等。为此，我们评教学思路，一要看教学思路设计是否清晰，是否符合教材和学生实际；二要看教学思路的设计是否有一定的独创性，能不能给学生以新鲜的感受；三要看教师在课堂上的调控和应变，看实际效果如何。

②看课堂结构安排。教学思路与课堂结构既有区别，又有联系。教学思路侧重教材处理，反映课堂教学的纵向脉络；而课堂结构，则侧重教法设计，反映的是教学横向的层次和环节。课堂结构是指一节课的教学过程各部分的确立，以及它们之间的联系、顺序和时间分配。它也称为教学环节。不同的课堂结构会产生不同的教学效果。那些结构严谨、环环相扣、过渡自然、时间分配合理、密度适中的课往往能取得好的教学效果。

③看现代化教学手段的运用。现代化教学需要现代化教学手段。"一支粉笔，一张

嘴"的陈旧、单一的教学手段已经不能适应教学的要求，因此，看教师教学方法与手段的运用，还要注意教师是否能适时、适当地使用现代化教学手段及现代化数学教学软件。

（七）评教学效果，注重实效性

评教学效果，要看教学内容的完成程度、学生对知识的掌握程度、学生能力的提升程度、学生思维的发展程度等。进行评课，要着重看教学是否注意联系学生生活的实际，从而使学习变成学生的内在需求；是否注意挖掘教学内容中的情意因素，做到知、情、意结合，使学生情感的需要、自我实现的需要得到满足；是否坚持因材施教，让每一个学生得到其原有基础上的最好发展。同时，每个学生都有他的闪光点，都有自己独特的见解，因此，教师还应该关注教学是否面向全体学生，是否关注学生的和谐发展，是否关注学生的可持续发展。

（八）评教师的教学基本功

教学基本功，是教师上好课的一个重要因素。通常，教师的教学基本功包括以下几个方面的内容。

①板书。好的板书首先要设计得科学合理，依"标"扣本；其次要言简意赅，有艺术性；最后，要条理性强，字迹工整美观。

②教态。教师的教态应该明朗、快活、庄重，富有感染力。同时，教师的仪表端庄、举止从容、态度热情等也十分重要。

③语言。教学是一种艺术。教师的语言运用，关系着一节课的成败。教师的语言要准确清楚、精确简练、生动形象、有启发性，还要语速快慢适度、富于变化并注意使用普通话。

④操作。教师要熟练使用教具，特别是现代化的交互手段、数学软件等。除此之外，教师对实验的演示时机、位置是否把握得当，是否能照顾到全体学生，演示和实验操作是否熟练准确并达到良好效果也非常重要，应引起重视。

⑤评价。教师对学生的学习行为能进行客观、有效、恰当的评价，并且这种评价能起到促进学生思维、激发学习欲望的作用。

（九）评学生能力培养

在评课过程中，我们还要注意考察教师对学生能力培养的状况。在具体实践中，要注意教师在教学过程中，是否为学生创设了良好的问题情境，强化了问题意识，激发了学生的求知欲；是否注意挖掘学生内在的因素，并加以引导、鼓励；是否注重培养学生良好的思维习惯，教会学生从多方面思考问题等。

第四章

数学文化融入高校数学教学的实践

第一节　数学文化理论基础

一、数学文化的内涵与特点

（一）数学文化的内涵

数学文化的内涵是指在一定历史发展阶段，由数学共同体在从事数学实践活动过程中所创造的物质财富和精神财富的总和。数学文化的内涵应体现在其历史性、主体性，可从三个层面来理解：最高层面、与其他学科关系层面、与社会生活关系层面。此外，数学文化还包括数学推理方法、归纳方法、抽象方法、整理方法和审美方法等，数学具有丰富的文化内涵，也具有独特的精神领域。

数学文化是客观看待世界的文化，也是量化描述世界的文化。从数学的角度认识世界即从抽象的角度认识世界并运用数学的规则体系，数学家不仅在探究用数学语言描述世界的方式，还在找寻用数学方法量化世界的模式。数学不但可以应用于对客观事物的描述，而且可以应用于对精神事物的描述。数学具有推理的能力、规划的能力和抽象的能力。数学作为一种文化在人类文化中占据重要的地位。它与人类文化密切相关，和人类文化共生，代表着人类文化的基本形态。

数学的学科门类可以归为自然科学。数学文化不同于艺术文化和技术类的文化，它包含在广义的科学文化范畴之内。"数学文化"这个概念是近些年兴起的，过去数学文化的提法是"数学与文化"，这个提法将数学和文化当作两个事物，割裂了数学与文化的关系。其实数学与文化是一个有机的组合体，数学本身就具有深厚的文化，因此"数学文化"这一提法更能体现数学与文化的关系。

数学文化的内涵广泛，一般从狭义角度和广义角度来定义数学文化。狭义的数学文化主要包括数学的观点、数学的学科精神、数学的解决方法、数学的学科语言，以及数学形成与发展的历程。广义的数学文化还包括数学家的故事、数学发展历史、数学的学科审美、数学的相关教育等，数学的人文内容被纳入了广义的数学文化之中，数学文化与其他学科的文化有着密切的联系。

人类具有抽象思维的能力，数学就是人类这一能力创造性发展的成果，数学属于精英文化，具有高层次的特性。数学文化重视探索精神，推动着人类社会的发展。

（二）数学文化的特点

作为人类文化的有机组成部分和特定形式的数学文化，与人类整体文化血肉相连。它除具有人类文化的基本基因外，还应该具备数学科学所特有的基因，且并非二者的简单组合，应是二者的有机融合。

1. 规范性

作为文化的数学，其基本特点是规范性，这一特点是由数学的符号化、模式化特点所决定的，并具体体现在数学表达形式的规范性上。例如，用以描述现实世界的各种量、量的关系及变化的数学语言就具有规范、简洁、方便的特征。数学文化系统中，对数学文化成员的数学活动都有规范性要求。例如，在数学中，对于每一个公式、定理都要经严格规范的证明以后才能确立。数学的推理步骤都是严格、规范地遵守诸法则的，以保证从前提到结论的推导过程中，其每一个步骤都是准确无误的。所以，运用数学方法从已知的关系推求未知的关系时，所得到的结论就具有规范性、确定性和可靠性。

2. 审美性

审美性是构成数学文化的重要内容。数学是很美的，而且是高雅的美。数学的这种美除了具有科学美的一切特性，还具有艺术美的某些特性；既具有逻辑美，又具有奇异美；不但内容美，而且形式美；不但思想美，而且方法美、技巧美，还有统一美、对称美、和谐美、简洁美等。数学所展示的美是揭示事物规律性的美，与自然界的美是高度统一的。

3. 认知性

数学文化的认知性是数学文化的文化成员对它们所在的与数学有关的环境、数学文化的历史传统，以及数学文化事件中人和事的认知的总和。认知性的典型成就是认知者的习得结果，也与个体的体验密切相关。将数学中所蕴含的文化运用到实际学习和生活中，能改善人的认知结构，提高人的思维能力，增强人的实际应用能力。

4. 历史性

数学文化本身是具有传承性的，数学文化的历史性是在原有的基础上的延续、逐步累积、不断发展进步和完善的结果。数学科学的历史长河源远流长，无论发展到什么程度，都离不开历史和积淀过程。纵观数学发展的历史，既是一部文明史，也是一部文化史。数学科学的社会历史性决定了数学文化是长期的历史沉淀，数学文化也必然具有独特的历史特征。数学文化可以说是一种以数学家为主导的数学共同体所特有的观念、行为、态度和精神，是数学共同体所特有的生活或行为方式，或者说是一种特定的数学传统。数学文化以其独特的思想体系保留并记录了数学共同体在特定的历史阶段和数学实践中所创造的文化。

5. 价值性

数学文化的价值性就是数学文化的文化成员因生存或求知等需要而学习数学文化

或应用数学文化的工具性特征。

6. 民族性

数学文化的民族性就是数学文化有民族的烙印。郑毓信教授就提出：数学文化是一种由职业因素（如居住地、民族等）联系起来的特殊群体（数学共同体）所特有的行为、观念和态度等，也就是说数学文化本身具有地域、民族等特征。从数学文化发展的历史层面看，不同民族、不同地域都曾在不同时期各自发展着数学文化，其中有的还有相当精深的发展。这种固有的、与民族文化共兴衰的数学传统深刻地折射出不同民族的精神追求。

7. 思维性

数学研究的本质就是通过数学思维来展示现实世界的量化关系和空间关系。数学研究的成果大多体现为数学思维成果。数学思维贯穿在数学文化之中。可以说，思维是数学文化的根本，数学文化在很大程度上反映为数学思维，其有思维性。

8. 数量化

一个人数学素养的高低很大程度上取决于其数量化处理能力的强弱。数学文化中的事物都是被数量化的，数量化是数学文化区别于其他文化的独特之处。任何一种数学方法的应用过程皆是首先把所研究的客观对象进行数量化处理，然后对其进行测量、数量分析和计算，最后使用数学符号、数学公式以及数量关系抽象、概括出数学结构。数量化处理能力包括良好的数字信息感觉、良好的数据感以及可量化描述知识的技能，最关键的是发现数量关系的能力。发现数量关系就是力求找到序列化、可测度化、可运算化描述客观事物的系统。数量化处理是数学的生命。它的具体而广泛的应用促进了数学的发展。数学文化的一个重要内容就是展示如何通过数量化处理来解决具体问题。

9. 发展性

数学和社会发展同步，数学文化是一种具有探索精神的文化，有发展性。数学研究是一个不断发展的过程，数学家寻找完备的数学模型，又打破完备的数学模型，然后再度寻找完备的数学模型，这种发展性的循环使得数学文化不断得到发展，并推动着人类社会的发展。数学文化的学科魅力存在于其不断发展之中，发展性赋予数学文化强大的生命力。

10. 实用性

数学是一门应用性很强的学科，数学文化具有强大的实用性。在现实生活中，数学是人人都能用得到的一种学科工具。数学具有简洁、有效的特点，许多学科的研究离不开数学的辅助，数学和很多学科有着深度交融。

11. 独特性

数学文化的思想结构是以理性认识为主的，理性思维是数学文化思维的核心。数学的理性思维较为多元，包含多种思维类型，如数学逻辑思维、数学直觉思维、数学想象思维、数学潜意识思维等。数学思维是对多种思维类型的综合运用，多种思维类型在数学思维的框架下协调配合，这使得数学文化具有独特性。

12. 育人性

数学能够帮助人们养成良好的个性，构建人们的世界观，数学学科负有育人的重要职责。

13. 艺术性

数学具有博大精深的美，但是需要独特的审美方式才能感知数学的美。数学具有独特的美学结构、美学特征和美学功能。数学美学作为数学的一个分支，详尽地展现着数学之美。数学具有"真、善、美"的特质，"真"表达着数学的科学之美，数学求真务实，以客观的视角认识世界；"善"表达着数学的社会价值之美；"美"表达着数学的学科价值之美，数学具有精妙的结构，具有深厚的理性之美。数学美学主要体现在数学语言、数学体系、数学结构、数学模式、数学形式、数学思维、数学方法、数学创新和数学理论上。数学之美是数学真理性的一个外化表现。数学就具有深厚的和谐性，因此在探究数学之美的时候，不能抛开数学的"真、善、美"，不能以唯美主义倾向来认识数学之美。数学的美是通过本身的规律和结构加以体现的，因此，在数学研究中美学因素有着特别重要的地位，通常人们在一定程度上把数学看作一种艺术。

14. 稳定、连续性

数学知识是明确量化的知识，数学文化遵循一定的数学规律，具有稳定连续性。很多数学家都说过，数学是自律性很强的一门学科。与其他学科相比，数学在漫长的发展和演变过程中始终保持着稳定和连续的发展状态，数学被认为是最具确定性和真理性的学科。

15. 多重真理性

数学不仅包含着自然的真理，还包含着多重的真理，数学是一个多重的真理体系。数学在人类客观描述世界的过程中发挥着重要的作用，数学自古以来就作为人类描绘世界的图式而存在着。数学学科往往通过各种抽象的数学符号、数学概括、数学形式来实现对数学真理的表述。

二、数学文化的内容与形态

（一）数学文化的内容

1. 数学知识

学习数学知识有助于培养人们的科学文化素质，研究数学可以使人更加严谨。在数学知识学习中，数学思维的训练对培育人的素质起着重要作用，数学使人明智，学习数学对个人素质培育的意义非凡。以著名的科学家牛顿和爱因斯坦为例，他们在学习数学知识中造就的品质在他们的科学研究中发挥着重要的作用，数学对他们实现自身价值起着重要的作用。

2. 数学人文精神

数学有助于丰富人们的精神世界，提高人们的精神文化水平。数学在改善人们思维方式的同时，也完善着人们的精神品格。学习数学有助于培养人们踏实细致、团结协作的做事习惯。数学要求人们以创新、发展的思维来学习和研究，因此数学也有助于培养人们的创新精神。数学人文精神符合辩证唯物主义和历史唯物主义哲学的思想，可以帮助人们树立良好的哲学观。数学的研究具有难度，因此学习数学也有助于锻炼人们的意志力，培养人们克服困难、勇于挑战的精神。此外，数学具有深邃的学科之美，如数学图形之美、数学符号之美、数学奇异之美，还有着美育的作用。

3. 数学史

数学不仅仅是研究数字的学科，也是文化的学科。在数学发展的漫长历史中，涌现了许多感人至深、可歌可泣的学科故事。数学发展的历史作为人类文化历史的重要组成部分，对推动世界发展起着重要的作用。数学的思想影响着世界，数学的大事记也影响着历史发展。数学史中蕴含着丰富的思维文化和创新内容。

4. 数学思想

数学具有很高的文化教育意义，这主要体现在数学思想的教育和数学方法的教育两个方面。只会解决数学题目，但是不能深入理解题目背后的数学方法和思想，并不能真正理解数学。真正地理解数学是理解数学题目背后反映的数学思想和数学方法，掌握数学文化所特有的文化观念。

数学的基本观点是数学思想的具体展现。数学思想主导着数学的研究和学习，它是数学文化的本质体现，在数学文化中占有较高层次的地位。数学的化归思想、函数方程思想、符号运算思想、数形结合思想、集合对应思想、分类讨论思想、运动变化思想等是运用比较广泛的数学思想。

数学方法是数学解决具体问题的办法，在数学实践过程中扮演着重要的角色。数学方法承载并展现着数学思想。常见的数学方法有配方法、换元法、恒等变化法、判别式法、伸缩法、映射反演法、对称法等。通过数学方法的运用可以切实地解决具体数学问题，但数学方法的意义不仅仅局限于解决数学问题，其在日常生活中也有着重要的作用。

5. 数学语言

数学语言是一种有别于自然语言、文化语言的独特的语言形式。数学文化与人类文化密切相关，数学文化代表着人类文化的基本形态。数学语言主要通过符号语言和图形语言来展示，常常被用来描述各种数量与数字之间的关系及位置变化的关系。数学语言是通过推导与演算来实现语言沟通的，是数学思维活动的外化表现，可以储存、传递、加工大量信息。数学语言具有科学性、严谨性和准确性，具有强有力的表达能力。

6. 数学应用

数学是学科交融性极强的一门学科，其应用范围非常广泛。数学在人们的日常生活、经济活动、科学研究中发挥着巨大的作用。可以说，数学无处不在，因此，应用性是数学明显的特征之一。我国著名数学家华罗庚就曾提到，对整个宇宙的描述离不开数学，从广阔的星空到微小的原子，从地球的运转到生物的变化都可以用数学来演算和描述。数学贯彻一切，存在于各个学科的深处。数学对人们准确而客观地认识世界、描述物体起着重要的作用。

人类的发展离不开数学，尤其是在新经济时代，数学的作用日益突出，数学的应用价值日益显著，数学文化也在新时代变得更加丰富。

（二）数学文化的形态

1. 数学文化的学术形态

数学文化的学术形态展现着数学家群体在数学研究钻探过程中的数学品质。优秀的数学品质有助于数学家个人品质的提升。

数学是学术形态的数学文化的载体，学术形态表现出数学家这一特殊群体的独特文化，也展现着数学本体知识生产和运用的本质。数学家在长期的数学学习和研究中，受数学文化的影响，在其不断丰富数学学科知识的同时，也在提高和改造着自身的品质。

很多数学研究者将学术形态纳入了数学文化的概念之中。越来越多的研究者把研究的重点放在了学术形态的数学文化上。学术形态的数学文化尚未形成明确的定义，但综合来说可以分为三个维度，即人类文化学、数学史和数学活动。这三个维度分别代表着学术形态三个层面的意义，即数学发展具有人为性、历史性和整体性。

2. 数学文化的课程形态

课程形态的提出对数学文化具有重要的意义。这是因为课程形态是数学文化走向科学化和专门化的标志，使数学文化成为一门科学课程。课程形态的数学文化的提出有助于数学文化发展的规划与实施。数学文化以课程的形态传承和发展，课程形态的数学文化提高了数学文化的课程价值，有助于数学文化的传承、传播与发展。

3. 数学文化的教育形态

教育形态的数学文化有助于数学文化的社会化活动和传播，教学形态的数学文化与社会学和传播学有一定的关系。教育形态的数学文化是学术形态的数学文化的新发展。同时，教育形态的数学文化也丰富了课程形态数学文化的内涵。教育形态的数学文化的主要对象是学生和教师，这一形态下的学生和教师在共同的数学文化指导下从事数学教学与数学学习活动。

三、数学文化的价值分析与学科体系

学习数学文化有助于我们深入理解并运用数学技术，数学文化对数学教育具有重要的意义。数学教育不仅要培养学习者的解题能力，还要培养学习者的数学文化素养。随着教育改革的深入，深化数学文化教育将成为当今数学教育改革的重点。

数学文化教育具有重要作用，在数学文化的指导下，学习者能更灵活地掌握数学学习的方法、数学的基本概念和相关数学理论的背景，深入认识数学的发展规律。数学文化可以使学习者明确数学学习的价值，认清数学学科的社会价值和学科地位；它为每一位数学学习者提供了一个新的认识世界和事物的角度，使学习者以数学的眼光去思考和解决问题。文化视野下的数学理论教育必须重视数学文化教育的意义，因为数学不仅是一门技术学科，还是一门人文学科。数学文化的价值主要体现在以下几个方面。

（一）数学文化的价值分析

1. 数学文化在科学发展中的价值

数学文化在科学发展中发挥着重要的作用，很多科学理论的提出离不开数学的支持。数学之所以成为打开科学大门的钥匙，其关键在于以下两点：

第一，在哲学的观念下，物质具有质与量的双重性质，物质的质与量是统一的。掌握了物质的量的规律，也就掌握了物质的规律。数学是以量作为基本研究对象的学科，在数学研究中，数学家总是在不断地积累和总结着各种量的规律，因此，数学是人类认识物质的重要工具。

第二，在方法论的观念下，数学对科学发展的最大作用是科学数学化。科学数学化之后，数学就成为科学研究中的重要工具，科学开始用数学的语言表达，用数学的方法运算。

2. 数学文化在语言中的价值

数学语言是精确的语言，科学以数学语言为第一语言。

数学语言在科学中的运用具有重要优势：第一，数学语言通过精确的概念表述，避免自然语言多义性造成的歧义问题和逻辑混乱问题，数学语言可以使科学推理首尾一致；第二，数学语言具有简洁性，简明的数学符号有助于人们更为直观地观察科学的变量。数学符号可以展示事物之间的数量联系和数量级差异，以便于人们清晰地了解事物的差异，做出明确的判断。

很多科学研究的推进离不开数学语言的应用，数学语言是很多学科研究的基础。在数学语言体系下，科学结论的表述更为简明。例如，在数学语言的支持下，经典力学复杂的运动变化被简化成多个数学方程式。又如，孟德尔把数学语言引入了生物学，用数学语言精确地描述了生物遗传性状的排列组合关系，遗传学说在此基础上得以建立。

目前，数学的作用越来越显著，在科学研究中大量运用数学语言的同时，社会也呈现数学化的发展趋势，人们越来越多地运用数学语言交流、传输和储存信息。初等数学语言已经实现了较好的社会教育普及，与此同时，高等数学也渐渐渗透到社会生活的各个角落。

3. 数学文化在社会经济发展中的价值

数学对经济竞争至关重要，是一种关键的、普遍适应的，并能授予人以能力的技术。目前数学不仅具有科学的品质，还具有技术的品质。在大量高新技术中起关键作用的正是数学。

数学既在重大的社会生产实践中发挥着重要作用，又在普通的社会生活中有着重要作用。衣、食、住、行是社会生活的基础，其中就有许多需要数学来解决的问题。

（二）数学文化的学科体系

既然数学文化是一门学科，那么它自然就有自己的学科体系。文化由外显的和内隐的行为模式构成，这种行为模式通过象征符号获得和传递；文化代表了人类群体的显著成就，包括他们在制造器物中的体现；文化的核心部分是传统的观念，尤其是它所带来的价值；文化体系一方面可以看作活动的产物，另一方面又是进一步活动的决定因素。显然，按上述理解，文化的概念是与社会活动、人类群体、行为模式、传统观念等概念密切相关的，因此，数学文化的学科体系包括现实原型、概念形成、模式结构，三者缺一不可，因此称现实原型、概念形成、模式结构为数学文化的三元结构。

1. 数学文化的学科体系之现实原型

数学起源于现实世界，现实世界中人与自然之间的诸多问题就是数学对象的现实原型。没有现实世界的社会活动，就没有数学文化。人们通过对现实原型的大量观察与了解，借助经验的发展及逻辑或非逻辑手段抽象出数学概念（定义或公理）。数学概念来源于经验。如果一门学科远离它的经验来源，沿着远离根源的方向持续展开下去，并且分割成多种无意义的分支，那么这一学科将变成一种烦琐的资料堆积。

2. 数学文化的学科体系之概念形成

数学概念的形成是人们对客观世界认识的科学性的具体体现。数学起源于人类各种不同的实践活动，再通过抽象成为数学概念。数学抽象是一种建构的活动。概念的产生相对于（可能的）现实原型而言往往都经历了一个理想化、简单化和精确化的过程。例如，几何概念中的点、直线都是理想化的产物，因为在现实世界中不可能找到没有大小的点、没有宽度的直线。同时，数学抽象又是借助于明确的定义建构的。具体地说，最为基本的原始概念是借助相应的公理（或公理组）隐蔽得到定义的，派生概念则是借助已有的概念明显得到定义的。也正是由于数学概念形式建构的特性，相对于可能的现实原型而言，通过数学抽象所形成的数学概念（和理论）就具有更为普遍的意义，它们所反映的已不是某一特定事物或现象的量性特征，而是一类事物在量的方面的共同特性。

另外，数学抽象未必从真实事物或现象中直接去进行抽象，也可以以已经得到建构的数学模式作为原型，间接进行抽象。

3. 数学文化的学科体系之模式结构

一般而言，数学模式是指按照某种理想化要求（或实际可应用的标准）来反映或概括地表现一类或一种事物关系结构的数学形式。当然，凡是数学模式在概念上都必须具有精确性和一定条件下的普适性，以及逻辑上的演绎性。

数学模式的客观性可从两个不同的角度来考察。第一，合理的数学模式应该是一种具有真实背景的抽象物，而且完成模式构造的抽象过程是遵循科学抽象的规律的，因此，我们应该肯定数学模式在其内容来源上的客观性。第二，数学模式往往是创造性思维的产物，但是它们一旦得到了明确的构造，就立即获得了"相对独立性"，这种模式的客观性称为"形式客观性"。

基于上述两种"客观性"的区分，这里引入两个不同的数学真理性概念：第一，现实真理性，是指数学理论是对现实世界量性、规律性的正确反映；第二，模式真理性，是指数学理论决定了一个确定的数学结构模式，而所说的理论就其直接形式而言就可被看作关于这一数学结构的真理。一般而言，数学的模式真理性与现实真理性往往是一致的。这是因为作为数学概念产生器（反应器）的人类的大脑原是物质组织的最高形式，加之数学工作者的思维方式总是遵循着具有客观性的逻辑规律来进行的，因此思维的产物——数学模式与被反映的外界（物质世界中的关系结构形式）往往是一致的，而不能是相互矛盾的。

第二节　数学文化与数学教学

一、数学本质及其文化意义

（一）数学本质的认识与理解

1. 数学本质的认识

由于数学是复杂的，并且数学在不断发展，因此过去关于数学的某些描述是不完整的。事实证明，无论是柏拉图主义还是数学基础三大学派（逻辑主义、直觉主义和形式主义），对数学的描述均存在一些瑕疵。例如，柏拉图主义无法给出数学对象的明确定义，形式主义无法解释数学理论在客观世界中的适用性。纯数学基于现实世界的空间形式和数量关系，即它基于非常现实的材料。在国内，这种叙述常被用作数学的定义。

然而，在分析上述对数学特征的描述时，有三个关键因素：现实世界、数量关系、空间形式。考虑数学的演化，如非欧几何和泛函分析之类的分支总是远离现实世界，并且数学逻辑之类的分支难以确定其归属。随着数学的不断发展，数字和形状的概念继续扩大，数学的定义适应一直变化的数学内容。当数学与现实分离时，一方面，数学需要解决自己的逻辑矛盾；另一方面，数学必须通过与外界接触来保持生命力。

从"数学是一门研究空间形式和数量关系的科学"的描述来说，无论是现实世界中的"数量关系和空间形式"，还是意识形态观念中的"空间形式和数量关系"，都属于数学研究的范畴。在数学研究中，除了研究数量关系和空间形式，还要研究基于既定数学概念和理论的数学中定义的关系和形式。

2. 数学本质的理解

我们可以通过以下几个方面理解数学本质：

第一，把数学看成一种文化。数学是人类文化重要的组成部分，它在人类发展过程中起着非常重要的作用。数学是科学的语言，是思想的工具，是理性的艺术。学生应该了解数学的科学性、应用性、人文性和审美价值，理解数学的起源和演变，提高自身的文化技能和创新意识。

第二，明白数学中的拟经验性。数学是在经验中不断变化的，它不是一种文化的元认知，而是思维的高度抽象，是心理活动的概括。数学思维和证明不依赖经验事实，但这并不意味着数学与经验无关。学习数学是一个和别人交流的过程。在数学课上，我们要努力了解数学的价值，让学生从自己的经验中学到知识，并且把知识用在生活和学习中。

第三，把握数学知识的本质。过去，在理解数学知识时，人们经常只看到数学知识的一个部分，而忽视其本质，这导致了各种误解。例如，只考虑数学知识的确定性，不注意数学知识的科学性；只承认数学知识的演绎性，不注重数学知识的归纳性；只看到数学知识的抽象性，不注意数学知识的直观性。

第四，提炼数学思维方法。数学基础往往包含重要的数学思维方法。在数学教育中，只有通过教学和学习两个层次的知识和思维，才能真正地理解知识，帮助学生形成很好的认知结构。

第五，欣赏数学之美。欣赏数学之美是一个人的基本数学素养。数学教育应体现象征美、图像美、简洁美、对称美、和谐美、条理美和创造美。学生应该意识到数学之美，体验并欣赏数学之美，进而享受数学之美。

第六，培养数学精神。数学是一种理念，一种理性，能够激励和推动人类思想达到最高水平。数学教育应该培养数学精神。

简而言之，数学是动态的，是靠经验一点点积累的，它是一种文化。可以说，随着时间的推移，数学的内容会越来越丰富。和其他学科一样，数学也可能存在错误，发现错误、纠正错误，才能使数学进一步发展。在这一过程中，人们才能真正理解数学的本质，理解数学课程标准中提出的概念，真正满足新课程的要求。

（二）数学本质的文化意义

数学本质是指数学的本质特征，即数学是量的关系。数学的抽象性、模式化、数学应用的广泛性等特征都是由数学本质特征派生而来的。首先，数学揭示事物特征的方式是以量的方式，因此数学必然是抽象的；其次，量的关系是以不同模式呈现的，并且通过寻求不同模式来展开研究的，因此数学是模式化的科学；最后，客观事物是相互联系的，量是事物及其联系的本质特征之一，因此数学应用是广泛的。

数学本质的文化意义在于理解数学的抽象性及模式化是研究世界、认识世界的基本方法和基本思想。数学的文化意义中，数学本质的文化意义最为重要。高校数学课程基本的文化点是数学本质的文化意义。揭示数学本质的文化意义的重点在于揭示数学的抽象性和模式化，从而形成透过现象看本质的思想素养。

1. 数学的抽象性文化意义

数学的抽象性高于其他学科的抽象性。在数学中，不但概念是抽象性的，而且方法、手段、结论也是抽象性的。数学的这种抽象性导致它应用的广泛性。所以，抽象性的观点是数学中一个基本的观点。

2. 数学的模式化文化意义

数学是模式化的科学。数学的本质特征是数学的抽象性，数学的抽象性的本质是其形式建构性质。

数学上证明一个事物存在可以有两种途径：一种是构造性证明，即用某种方式把该事物构造出来；另一种是纯存在性证明，即用逻辑推理的方式证明该事物一定存在。人们很容易接受构造性证明，但不太容易接受纯存在性证明。

二、数学文化与数学素质教育

在数学文化的基本观念中，数学被赋予了广泛的意义。数学不仅是一种科学语言，一门知识体系，还是一种思想方法、一种具有审美特征的艺术。在此基础上，数学素质的含义应予以新的阐述。数学素质的本质是数学文化观念、知识、能力、心理的整合，而实现数学素质教育目标的关键在于充分体现数学文化的本质，把数学文化理念贯穿到数学教育的全过程中。

（一）基于数学文化观念的数学素质认知

素质是一个与文化有密切关系的概念，教育学理论关于素质概念所强调的是人在先天素质（遗传素质）的基础上，通过教育和社会实践活动发展而来的人的主体性品质，是人的智慧、道德、审美的系统整合。由此可见，素质概念的实质在于各种品质的综合。

数学素质是个体具有的数学文化各个层次的整体素养，包括数学的观念、知识、技能、思维、方法，以及数学的眼光，数学的态度，数学的精神，数学的交流，数学的思维，数学的判断，数学的评价，数学的鉴赏，数学的价值取向，数学的认知领域与非认知领域，数学理解，数学悟性，数学应用等多方面的数学品质。

1. 数学的思想观念系统

数学的思想观念系统主要包括：要有独立思考、勇于质疑、敢于创新的品质。要形成数学化的思想观念，会用数学的立场、观点、方法去看待问题、分析问题、解决问题。树立理性主义的世界观、认识论和方法论，对数学要有客观的、实事求是的、科学的态度和看法，如不仅要认识到数学的重要性和作用，还要意识到数学的局限性和不足。要注重数学方法与其他科学方法的协调和互补，对数学的真、善、美观念及其价值有客观、正确、良好的感悟、判断和评价。

2. 数学的知识系统

在现代教育日益强调能力、素质的情况下，人们往往会形成一种认识上的偏颇，好像知识不再重要了。从数学素质的构成看，知识是最基本的成分，知识与能力、知识与素质不是对立的，而是相辅相成的。对数学知识而言，至关重要的是，在知识被学习者纳入自身认知结构时，知识是以怎样的方式构成的，不同的知识构成方式决定着知识在认知结构中的功能。优化的知识结构具有良好的素质载体功能和大容量的知识功能单位，只有被优化和被活化的知识才能发挥作用。为此，不仅要阐述知识本身是怎样的，还要阐明知识何以如此；不仅要揭示知识的最终结果，还要展示知识的发生过程，使知识以一种动态的、相互联系的、发展的、辩证的、整体的关系被组合在一起。知识的上述特征应该成为其构成数学素质要素的基本前提。

3. 数学的能力系统

数学能力的发展过程是一个包含认知与情感因素在内的、日益变得相互关联和在更高级水平上的复杂的心理预演过程，其中多种思维形式从不同的侧面反映了数学能力的本质。数学能力具有十分丰富的内容，其中，数学创造力作为数学能力的有机组成部分，在数学能力结构中占据着核心地位，这种核心地位同时决定了数学创造在数学素质教育中的重要意义。数学创造力不应单纯地被理解为科学的数学创新与发现，而应扩展到数学教育的过程中。数学创造力体现在数学的感觉、数学的观察、数学的悟性、数学意识、数学知识的学习、数学的问题解决、数学的思维、数学的交流、数学应用等不同数学活动中。在数学教育过程中，个体的数学认知活动都是人类数学文化进程的一种再现，其中独特的心理基质构成了真正创造力的起点。

（二）数学文化与数学素质教育

1. 数学教育的理念

现代化建设所需的数学人才，必须具备现代化的数学素质结构，仅仅把数学看成训练思维的智力体操是不够的，因此，不能仅仅把数学看成其他科学的工具，应赋予其更为宽泛的意义。在数学教育过程中，我们要特别注重挖掘数学的科学教育素材，体现数学的科学教育价值，发挥数学教育的科学教育功能，塑造和培养有科学思想、科学观念、科学精神、科学态度、科学思维的现代化建设人才，充分展示数学的自然真理性、社会真理性和人性特征，突破数学的外在形式，深入其思想精神的内核之中。在培养学生的数学观念时，应让学生具备数学是人类文化的共同财富的世界文化意识，促进文化融合与交流，用数学等科学文化知识变革传统文化，促进知识素质的现代化，迎接全球经济一体化的挑战。

2. 教学方法与策略

由于未来数学课程的文化内涵丰富，教学方法改革充满机遇与挑战，因此，要重视学生数学文化经验的积累和总结，包括数学的观察、实验、发现、意识，无论成功还是失败，都是有价值的，要重视数学史典籍和数学家传记的德育功能和教化作用。

数学素质作为现代社会人们必备的一种素质，是人们完整素质结构的有机组成部分。数学素质教育是培养人们数学文化素质的基本手段，为了切实实现素质教育目标，还需要在理论和实践两个方面做大量的工作。在实施数学素质教育过程中，我们必须考虑到诸如应试教育的现实性、数学不同侧面的特点、对数学应用的多层次需求、数学素质教育目标的层次性、社会对数学需求的多样化等因素。

三、数学文化的教育维度

数学已有几千年的发展史，现在已经渗透到社会的各个领域中。它所蕴含的文化资源无比丰富。它可以是发人深省的数学思想、精彩美妙的数学方法和让人着迷的数学命题，也可以是展现数学在科学技术、政治经济、文学艺术及社会现实生活中的那些应用。然而，这些内容又都是繁杂无序的，是没有组织结构的，我们必须经过适当的筛选和一定的教学加工，才能把它们改造成"教育形态"的数学文化。我们可以从数学文化的以下几个教育维度考虑：

（一）数学文化的科学教育维度

在激发学生兴趣和创新精神的基础上，数学教学更应注重培养学生迎难而上的探究精神。数学作为人类文化的一部分，其永恒的主题是认识宇宙，也认识我们自己，要让学生深切地感受到数学是科学的语言、思维的艺术。

与其他学科相比，数学探究的抽象程度更高一些，如数学模型就是通过对原型的模拟或抽象而得来的，它是一种形式化和符号化的模型。

在引导学生进行数学探究的过程中，教师要成为有力的组织者、指导者、合作者，应该为学生提供较为丰富的数学探究问题的案例和背景材料，教师应引导而不是代替学生发现和提出问题，特别是鼓励学生独立地发现和提出问题，还要组织学生通过相互合作来解决问题，指导学生养成查阅相关参考资料、在计算机网络上查找和引证资料的习惯。教师要大力鼓励学生独立思考，帮助学生坚定克服困难的毅力和勇气，同时要指导学生在独立思考的基础上用各种方式寻求帮助。

在教学内容的组织上可进行适度拓展延伸。首先是教材的文化拓展。教材是学生学习数学的重要依据，只要教师对教材相关内容进行适当的加工、拓展和补充，就可使其焕发出文化的活力。例如，在概念教学中展示一段背景综述，充分揭示数学知识产生、发展的过程，使学生感受到数学知识都是有根有底的，均是一定文化背景下的产物。又如，在解题教学中，除必要的解题训练外，通过整理和反思，学生感受解题过程中所蕴含的数学思想和方法。其次是利用经典数学名题拓展。数学是一门古老而常新的学科，问题是促进数学发展的源泉和动力。从古到今，产生了许多极其丰富而有趣的数学问题，这些数学问题孕育着深刻而丰富的数学思想方法。最后是利用科学中的数学拓展。从哥白尼日心说的提出、牛顿万有引力定律的发现，到爱因斯坦相对论的创立，再到生命科学遗传密码的破解，数学在其中发挥了非常重要的作用。另外，教师还可以进行跨学科拓展，可从数学出发延伸到其他学科知识，也可从其他学科的需要出发引出相应的数学知识，如物体运动变化与曲线、导数与瞬时速度等。

（二）数学文化的应用教育维度

把数学应用意识视为一种重要的数学素养，这就要求我们多用数学的眼光去发现生活，不失时机地把课堂上的数学知识延伸到实际生活中，向学生介绍数学在日常生活和其他学科中的广泛应用。例如，教师在课堂上提出通信费等函数问题，交通路径、彩票抽奖等概率统计问题，贷款、细胞分裂、人口增长等数列问题，以及利润最大、用料最省、效率最高等优化问题，鼓励学生注意数学应用的实例，开阔他们的视野。在解决实际问题时，学生若能深切感受数学的应用价值，感受数学与现实世界的紧密联系，将有助于其形成良好的数学观，有利于其透过问题的表象探寻问题的本质，从而形成基于数学视角和数学方法思考并解决问题的能力。

（三）数学文化的人文教育维度

数学教育具有培植人文精神、促进心灵成长、使学生获得非与生俱来的完美人格的人文价值。学生学习数学时，需要学习的不只是事实和技巧，更需要吸收一种数学的世界观，一套判断问题是否值得研究的标准，一种将数学的知识、热情、鉴赏力传递给他人的方法。教师教好数学，不能只让学生简单地记住一堆事实或掌握一套技巧，而需要开发与学科有关的东西。

数学发展的历史长河中蕴藏着无限的人文教育素材，数学的发展史可以说是人类文明史的缩影，既有艰辛的劳动，又有辉煌的成就，经历了从幼稚到成熟的成长过程，它承载着人类社会每一次重大变革的重要成果。教师可利用数学家的故事，展示他们执着追求真理的精神风采，展现他们高尚的人格品质，从而激发学生的民族自尊心和自信心，增强他们继承和发扬民族光荣传统的自豪感和责任感。

（四）数学文化的审美教育维度

数学是一种不可缺少的科学工具，可把复杂变为简单。数学思想是人人都可以享用的，如数学中有一种非常重要的思想方法——化大为小，也就是把遇到的困难事物尽量划分成许多小的部分，这样每一小部分显然更容易得到解决，每个人都可以用这样的方法来处理日常问题。

自然界和人的生产生活领域有大量错综复杂的关系和变化的现象，利用数学分析方法，可以将这些关系和现象中隐含的秩序和法则通过公式、方程式等表现为简单而有用的规律，这就是数学美。美，在本质上体现为简单性。"好的数学"是一种至美，只有借助数学才能达到简单性的美学准则。

数学教育离不开审美教育，数学中的简单美是激发求知欲、形成内驱力的源泉。如果能让学生在数学教育中有如此的审美经历，定会激发他们钻研数学的热情和动力。引导学生充分享受这种简单美，不但能培养学生的创造性思维，而且对提高学生类比、联想、想象等特殊思维能力有十分重要的作用。另外，数学的简单美还能培养学生遵循客观规律、办事简洁和精益求精的个性。只有让学生体会到数学的内在美，才能让学生爱好数学，进而钻研数学。

第三节　数学文化融入高校数学教学的实践策略

一、数学文化融入高校数学教学的意义

（一）数学文化融入高校数学教学的必要性

数学文化以其富有的思维方式，对整个社会的发展和人的成长有着深远的影响。在信息技术飞速发展和计算机日益普及的 21 世纪，数学与社会的关系发生了根本性的变化，新时代高科技的发展更离不开数学的推动。数学作为强有力的量化技术，并且与计算机相结合，已广泛而深入地被应用到人类社会的各个领域，渗透到人们生活的方方面面，在形成现代文化中起着越来越大的作用，人们已普遍认识到数学作为文化的功能。当今社会，数学不仅可用于谋生，更是一个现代人必备的素质，因此，在大学教育中，要把数学作为文化来加以重视，不能忽视了高校数学属于文化范畴的事实。然而，目前在大学教育中，科学素养培养和人文素养培养分离的状况仍普遍存在，导致人文类学生科学素养欠缺和理工类学生人文素养不足。高校数学是学生成长成才进程中非常重要的基础课程之一，在高校数学教学中融入数学文化教育就显得十分必要，其必要性如下。

1. 适应国家和社会发展对人才的要求

国家和现代社会的快速发展，对人才提出了更高的要求，需要培养具有创新意识和能力的高素质复合型人才。大学生是未来国家发展的中流砥柱，在国家的建设和发展中发挥的作用是无可取代的。他们的素质直接关系到国家未来的发展及整个社会的发展潜力。因而，培养适应国家和现代社会发展所需要的高素质人才，是对大学教育的必然要求。

纵观古今数学发展史，我们可以看出，数学科学早已进入社会化发展时期，数学已不仅仅是一门专业化的科目，其着眼点也不在于应用价值，而是在于提高人的素质。高校数学教学承担着立德树人和发挥素质教育功能的基本任务。高校数学作为大学的重要理论基础课程，不但是学习后续专业课程的工具，而且是培养学生理性思维和文化素质的重要载体，是衡量人才培养质量及其科学水平与科学素质的重要内容。高校数学在产生和发展的过程中，对人们的思维形式、价值取向、行为方式、情感和意志品质等产生影响，反映了高校数学对塑造人的文化素质、形成正确的观念以及培养高素质人才有着独特的作用，是大学生更好地适应现代社会发展和培养文化自信不可或缺的渠道，在大学教育中占有特殊的重要地位。在高校数学教学中融入数学文化，能够帮助学生形成理性思维、科学精神以及人文精神，提升自身的综合素质，充分发挥素质教育的独特育人价值，为国家和社会发展培养所需要的高素质人才，使他们能够担负起国家繁荣昌盛的重担，成为国家和现代社会创新发展的不竭动力。

2. 服务于高校数学教学改革的需要

随着教育改革进程的不断深化，高校数学教学形式和理念发生了非常大的变化，

尤其是在"立德树人"教育根本任务确立的背景下，综合素养的提升在高校数学教学中的地位越来越高，成为检验高校数学教学改革成效的重要目标之一。当前，高校数学教学改革正是基于学生长远发展的需要，强调数学文化价值，坚持数学科学教育和数学文化教育并重，将数学文化融入高校数学教学作为教学改革的需要和有效途径之一。这就要求教师在教学理念以及教学形式等方面进行转变。数学文化的融入及其在数学教学过程中的体现与运用，促使教师从文化层面来理解数学的存在、影响和教育作用，使教师在进行教学改革创新时思路更宽，其教学形式的创新选择面更广，不仅关注学生数学基础知识的掌握情况，还从学生数学思维的形成以及思维体系的构建角度出发，为学生学习数学提供更加立体的途径。一方面，教学过程体现数学知识的发生和发展过程，促进学生的自主探索；另一方面，数学教学不仅传授知识，还融入数学文化，引导学生掌握数学科学价值的同时，探寻数学的人文价值，弄懂数学与社会发展之间相辅相成的促进关系，使学生在数学科学知识和数学文化知识融会贯通的宽阔视野下，开启心智，养成求真务实、批判质疑等理性思维习惯，全面提升学生的综合素养。这才是高校数学教学改革目标的关键所在，这一目标符合现代教育理念的要求。

3. 加强大学生数学素养培养的需要

科学理论知识的掌握固然重要，但是，相对而言，数学所蕴含的数学文化对学生成长的影响和所起的作用更大。因为对大多数大学生来说，在未来的工作岗位中，直接用到的数学科学理论知识不多，但是数学所蕴含的思想方法、人文精神，以及给他们所带来的良好的意志品质等数学文化，可让其受益终生。比如，数学中所特有的严谨理性、开拓自律、务实创新以及数学所兼有的真、善、美和哲学思想等深厚的数学文化，可以帮助学生从更深的层次、更宽广的视角去观察社会、思考人生，这对大学生的全面发展无疑会起到更重要的作用，因此，在高校数学教学中，教师不能只注重对学生科学素养的培养，而忽视对学生人文素养的培养和教育，应当将数学文化教育融入教学之中。在帮助学生理解和掌握数学科学理论知识的同时，让学生学会用数学的思维去思考和解决问题，尤其是提高运用数学文化知识分析问题和解决问题的能力，感悟数学中蕴含的数学文化，使学生逐步领会到数学的精神实质和思想方法等数学文化的价值，不断提高其数学素养，进而从更高层次体现高校数学的教学目标。

4. 激发学生数学学习内驱力的需要

一般认为，内驱力是在需要的基础上产生的内部唤醒状态或紧张状态。学习内驱力是学生自主产生的一种对学习的渴望，可以直接推动学生进行学习活动的内部心理状态。一个内心有了学习内驱力的学生，就会自发、自主地去学习。学习内驱力是一个学生的核心竞争力，它相当重要。

高校数学是一门相对枯燥的课程。大学生思维模式虽然已经从形象思维向抽象思维转变，但是高校数学知识抽象、晦涩，数学概念抽象、立体，数学定理深奥难懂，学生理解起来依然很困难。久而久之，很多学生出现了"谈数学色变"的现象，学习数学的欲望不高，对学好数学的信心不足。如果教师仍按传统方式讲授数学知识，学生学习的兴趣和内驱力会减弱，更谈不上数学素质的提高。在高校数学教学中适当融入数学文化，让学生在学习数学知识的同时感受数学文化的魅力，并通过情境创设来激励、唤醒、鼓舞学生，启发学生多角度想问题，诱发学生学习数学的兴趣，活跃课堂气氛，最大限度地激发学生的学习欲望与学习内驱力，对学生的数学学习有积极的促进作用，进而提高数学课堂的实效性。

5. 加强学生创新思维能力培养的需要

培养学生的创新思维能力是数学文化教育功能的本质和核心，是数学教学工作的重要组成部分。对于任何一门学科，只有站在文化的高度上去审视和认识，才能真正理解它的科学意义和文化价值。例如，高校数学教材中隐藏了很多数学思想方法，如符号化思想、数形结合思想、函数思想、极限思想、建模思想、化归思想等，这些思想的本质都是创造性思维方法，它们蕴含于大量的数学概念、定理、法则和解题过程之中，因此，教师应在传授数学知识的同时，通过对数学知识的发生、发展、应用过程的揭示和解释，将这一过程中丰富多彩的思想方法抽象概括出来，学生在自主学习的过程中受到创造性思维品质的启迪和熏陶。一旦学生掌握了数学思想方法，就能更快捷地获取知识，更透彻地理解知识，更灵活地运用知识，在知识的获取、理解和运用过程中，自觉地产生创新意识，使创造性思维得以充分体现。所以融入数学思想方法等数学文化内容，加强了对学生创新思维能力的培养力度，会使学生受益终生，这正是数学素质教育的本质所在。

（二）数学文化融入高校数学教学的作用

高校数学教学对概念、定理等一般都以直接呈现加证明的方式给出，并未对相关概念、定理得出的过程予以探究。课程作业与考核也基本不涉及相关内容，使得数学文化不能有效融入教学，这就使得高校数学教学对数学文化的融入不够重视。然而，数学文化的融入对高校数学教学有重大的作用。

1. 有助于构建民主、活跃的课堂环境

教学实践表明，轻松、民主、活跃的课堂学习环境更能激发学生的求知欲。数学文化观下的数学教学应着力于数学活动的开展，在课堂上构建一种活动化的课堂环境。作为课程形态的数学文化，其活动主体是教师和学生组成的"数学共同体"，教师不再是课程的传递者和执行者，学生不再是课程的被动接受者和吸收者，他们共同参与课程开发的过程，因此，将数学文6化融入高校数学教学中，可以促使教师改变以往"一言堂"的教学模式，让大学生快速地融入数学教学活动中，改变以往被动学习知识的状态。师生在深入探寻、研讨数学知识的发生和发展过程，数学的人文价值及数学与各学科、与社会发展之间相辅相成的促进关系的过程中，共同参与，平等交流，畅所欲言，一起经历发现问题、分析问题、解决问题的全过程，营造民主、活跃的课堂氛围，使大学生的创造力与想象力得到激发，实现共识、共享、共进的目标。

2. 有助于提升学生的数学能力

众所周知，数学教学的根本目的在于培养学生的数学能力，也就是培养学生运用数学解决实际问题的能力。事实上，我们说一个人的数学能力强，有数学才能，并不是简单地指他记住了多少数学知识，而是指他有运用数学解决实际问题的能力。数学文化揭示着数学知识产生的背景和形成的过程、起源与发展等。将数学文化融入高校数学教学中，每一个概念都将会在一种广阔的文化背景下，从产生背景、解决思路以及相关拓展等角度去展现与阐述，揭开数学神秘的面纱，学生可以清楚地了解知识产生的原因和来龙去脉，改变对数学的高度抽象、刻板的印象，产生学习兴趣和动机，消除对数学的畏惧感，在内心深处亲近数学、认识数学、理解数学、学习数学。由此可见，数学文化的融入，让学生不仅仅学到数学知识和技能，还通过数学文化的熏陶，逐步养成理性思考的习惯，进而学会思考，并善用数学的观念去分析和解决问题。这会有助于学生提高数学能力。

3. 有助于帮助学生开阔视野，增长见识

数学这一学科的产生源于社会发展的需要。它是我们认识当今世界的一把钥匙，被广泛应用于各个学科领域，与其他自然科学、人文社会科学等有着千丝万缕的联系，任何学科都离不开它。它们之间相互渗透、相互影响、相互促进。数学文化充分体现了数学在其他学科面前的应用价值和魅力。例如，数学可为经济学提供强有力的理论支撑，可为物理学解决诸如直线运动、即时速度、变力所做的功、水压力、引力等实际问题，还可为机械制造提供数值算法设计等。其他的学科文化也对数学有着很大的影响。例如，物理学、经济学等为数学研究提供许多很有价值的资料。由此可见，数学文化可以作为学生学习数学和其他学科知识的桥梁。多学科、跨学科知识的融合和应用，能帮助学生从更大范围和更多角度去考虑问题，有助于学生开阔视野，增长见识，扩大知识面，感受数学的价值和魅力。我们也可在教学中适当地融入一些数学史、数学家的故事以及数学趣闻，也可以开阔学生的视野，激发学生的学习兴趣，培养学生的民族自豪感。另外，在介绍中国数学文化素材时，适当介绍国外数学文化素材，特别是中外数学思想、文化的差异，可以帮助学生加深对多元数学思想、文化的了解，拓展其视野，因此，数学文化的融入，让学生学会用数学眼光观察世界、用数学思维分析世界、用数学语言表达世界，开阔了视野，增长了见识，提高了兴趣，增强了自信。

4. 有助于落实"课程思政"教育理念

高校数学是一门具有高度的抽象性、严密的逻辑性和很强的应用性的课程。事实上，数学知识的形成过程都是漫长而曲折的，数学的每一个概念、公式、定理、法则等数学理论知识都是数学家通过不懈的努力、刻苦的钻研而产生的，同时是数学家智慧、意志力的结晶。

将数学文化融入高校数学教学之中，从数学知识产生和发展的轨迹方面让学生看到数学发展的曲折历程，深刻体会探索的思维过程，亲身体验成功与失败，感受数学家那种顽强拼搏、积极进取、不畏艰辛、不怕失败的精神和迎接挑战的勇气以及能够承受挫折和战胜危机的顽强意志，有助于学生养成严密的逻辑思维习惯，形成严谨、精准的科学态度，拥有克服困难、奋发向上、坚韧不拔的拼搏精神，形成正确的数学观。同时，通过讲述古今中外数学家刻苦钻研和报效祖国的故事，学生明白一个道理——虽然科学没有国界，但科学家有自己的祖国，有助于激励学生刻苦学习，激发爱国主义热情，弘扬中华民族传统文化，培养文化自信。高校数学中诸如从无限到有限、"以直代曲"等规律和方法，有助于培养学生的辩证唯物主义思想，因此，高校数学教育既是一种数学文化的教育，又是一种品格的教育。这正是落实"课

程思政"教育理念的具体体现。

5. 有助于促进"教"与"学"的有效改变

在教学中,教师的"教"与学生的"学",都不是个人行为,而是需要两者切磋交流的互动行为。

在高校数学教学中融入数学文化,教师必然会在教学过程中多关注数学文化与所教知识的联系,更恰当地将数学文化融入教学中,并促使教师进行反思,改进教学。比如,结合具体的教学内容采取灵活多样的教学方式。有时候一个巧妙的融入胜过千言万语,不但可以激发学生的探究兴趣,而且可以加深学生对数学知识的理解。它可以是一句话、一个片段、一个故事、一个漂亮的结论等,但需要落实在教学的每一个细节中;也可以是布置一个专题,让学生通过多种途径去查找资料,撰写论文等。

同样,受到数学文化(比如数学美)的熏陶,学生对数学的好感度会有所提升,对数学的偏见和误解会逐步消除,学习态度会改变,也必然会改变固有的数学学习方式,并养成良好的认知习惯;学会在理解的基础上,学习前人的智慧,多角度思考问题的本质,学会辩证地看问题,注重探索数学知识的来龙去脉,了解数学知识形成和发展的过程,抓住数学知识的本质属性,感受数学学习的乐趣。不再是教师说什么就是什么,而是学生有了自己的思考和主张,主动去探索、研究问题,寻求更简易、快速地解决问题的方法,并增加解决方法的多样性。

二、数学文化融入高校数学教学的原则与策略

(一)数学文化融入高校数学教学的原则

将数学文化融入大学教学,应当基于高校数学教学内容和大学生的实际情况,基于数学文化教学的特点,重点关注学生,着力于重构知识,使教学效果得以彰显。在高校数学教学中,融入相应的数学文化必须坚持一定的基本原则,才能取得相应的教学效果。

1. 主体性与主导性相结合的原则

主体性与主导性相结合是指将数学文化融入高校数学教学时,要在教师主导下充分体现学生在教学中的主体地位。在教学中,要营造适合大学生参与的环境和氛围,选择和改变数学文化素材要结合教学内容,更重要的是要充分地尊重学生的成长规律,以学生的认知需要为出发点,将知识蕴含的数学文化价值和精神充分展示给学生,让学生自主建构,自觉地投入更多的教学互动之中,体会数学文化,感悟数学文化。同时,教师要发挥主导作用,时刻明确教学主题和目标,确保数学文化的探讨始终不偏题、不跑题,不能本末倒置;还需要把控时间和节奏,注意融入要自然和流畅,并随时关注学生的动态及其对课堂的感受,适时做出调整,进而提高课堂效率。

2. 科学性与趣味性相结合的原则

科学性与趣味性相结合是指在高校数学教学中融入数学文化时,要体现科学性与趣味性的统一,确保素材的科学性、真实性、有效性,能引发学生的好奇心,提高学生探讨的兴趣。

将数学文化融入教学，一方面，所选择的数学文化素材必须是客观的、真实存在的，有实际意义，不可胡编乱造，不能违背数学文化事实，而且教师在传授数学文化时，不能随意更改，更不能虚构数学文化内容，要做到尊重事实；另一方面，大学生虽然心智发展已经趋于成熟，对事物本质的认知也已达到一定的高度，但面对高度抽象的高校数学内容，在课堂中依然难专注于对知识内涵的探究，因此，教师选取的数学文化素材还应具有一定的趣味性，并用更加趣味性的解读方式融入教学，以便吸引学生的目光，活跃课堂气氛，调动学生学习的积极性，让学生在浓厚的探究兴趣引导下更加积极地参与到数学教学过程中，促进教学效果的提升。

需要注意的是，将数学文化融入教学，不只是为了活跃课堂和激发学生兴趣。有些高校教师，在教学中插播一些数学文化小片段，甚至加入一些小游戏或互动等无可厚非，但一定要把握住数学教学这一主题，切忌把数学课变成历史课和科技应用课等，防止热闹过后学生什么数学知识都没学到。事实上，要让学生的兴趣点始终集中在对数学知识的探讨上，这才是将数学文化融入教学的出发点。

3. 广泛性与恰当性相结合的原则

广泛性与恰当性相结合是指在高校数学教学中融入数学文化时，不仅要站得高、看得远，将目光放在整个数学文化的范畴内，还要基于所教学的内容或主题，基于学生已有的认知基础，来准确选择恰当的数学文化素材进行教学，并选择恰当的时机融入，确保融入的有效性。将广泛性与恰当性相结合，不仅可以拓宽学生数学文化知识面，还可以直接促进学生的发展。

教育心理学表明，人的认识总是由浅入深，由表及里，由具体到抽象，由简单到复杂。而数学学习是一个特殊的认识过程，包括对数学材料的感知、记忆和思维等，是一个复杂的、多阶段、多层次的认知过程，因此，教师要以学生的需要、年龄特征、已有知识经验和个体差异为原则融入数学文化组织教学。数学文化涵盖的范围非常广，在选择教学内容所涉及的数学文化素材时，应当着重考虑学生的现实状况，要与学生的认知水平相匹配，充分考虑学生的认知特点和接受能力，要保证最终选取的数学文化素材能够与学生所掌握的新、旧知识都有联系，而且数学文化素材所涉及的数学知识难度要适中，在学生的最近发展区，以便于学生解读和消化，这样才能满足学生学习的需要，从而提升教学效果。不仅如此，在具体融入教学时，还要考虑到数学文化内容与数学知识之间的衔接度和适应性，选择在最恰当的时机和环节融入，使之与教学内容融为一体，保证教学自然流畅，促进大学生更好地去理解和掌握数学知识，并从根本上增强教学的实效性。

4. 思想性与目的性相结合的原则

思想性与目的性相结合是指将数学文化融入高校数学教学时，应当注重融入其中的数学思想方法和数学应用，并始终明确融入的教学目的，重点对教学内容所蕴含的数学思想方法进行剖析，真正体现高校数学教学的根本目的。

将数学文化融入高校数学教学的根本教学目的，是通过教师的有效引导，大学生能够更好地理解和掌握数学理论知识，学会运用理论知识更好地解决实际问题，增强大学生数学知识运用能力，进而提升高校数学课堂教学质量。而要达到此教学目的，让学生深刻领会并学会灵活运用数学思想方法是关键。但在日常教学实践中，有些教师很容易本末倒置，就是大量融入数学史或数学典故，将数学课变成了历史课甚至故事会，在有限的教学时间内，没能揭示问题的本质，没能让学生深度领悟数学思想方法，没能确保教学过程的思想性。这样就很难达到教学目的。

5. 课堂内与课堂外相结合的原则

课堂内与课堂外相结合是指采用课内教学与课外训练相结合的途径进行教学来融入数学文化。数学文化素养培养是一个潜移默化的过程，学生要在数学学习中，经过反复理解和实践，才能逐步形成数学文化素养。但由于课堂时间和内容量有限，限制因素也多，很难提供更多的数学文化训练。将课堂延伸到课外训练实践中，可以拓展数学文化教学融入的场域，体现数学文化融入形式的多样化，丰富数学文化教学内容，强化数学文化素养的培养力度。例如，开展数学文化（含民族数学文化）社会调查研究与实践活动，可实地参观科技馆、民俗馆等文化场所；组织数学建模竞赛或与数学教师、数学家等数学工作者面对面的交流会；撰写数学文化（尤其是数学思想方法）作文或与数学文化有关的论文；借助互联网呈现数学文化，供学生课外学习等。

6. 历史性与时代性相结合的原则

历史性与时代性相结合是指在高校数学教学中所融入的数学文化素材，应既要注重历史性，也要体现时代性。也就是说，数学文化内容，既可以是历史形态的内容，也可以是现实形态的内容；在数学文化产生的时间选择上，应既要注重数学的过去，也要重视数学的今天，让学生在数学的历史中感悟，在数学的现实应用中领会数学的精神、思想和方法，从整体上了解数学发展的脉络。这样，可以加强学生对数学的宏观认识和整体把握，促进学生形成合理的数学发展观、知识观、价值观，增强学生学习数学的信心和动力。

（二）数学文化融入高校数学教学的策略

教育教学实践表明，在高校数学教学过程中应该始终贯彻高校数学不仅是一种科学，而且是一种文化；不仅是一种知识，而且是一种素养；不仅是一种工具，而且是一种思维模式的新教学理念。这一理念的贯彻，需要采取适当的策略将数学文化融入高校数学教学之中。

1. 在数学文化案例的选择上，要服务高校数学教学，体现"求真育人"

由于数学文化本身具有独特的育人价值，使得融入数学文化对高校数学教学体现"求真育人"具有重要的意义。为有效发挥数学文化的教育价值，融数学文化于高校数学教学中，其案例的选择值得考究。

首先，注重它的适用性。选择的数学文化案例应满足高校数学教学的需要，有利于帮助学生理解数学知识的本质，即"对数学知识的来源、发展以及运用的理解"。也就是说，所选用的案例要与教学内容相符，能帮助学生理解数学知识，探究和解决问题，增强数学认识信念。

其次，注重它的文化性。尤其是选取有利于促进学生对中华传统文化的理解和热爱、增强文化自信的案例。只有这样，数学文化价值才能更好地得以体现，育人的功能才能得以凸显。

最后，注重它的实用性。高校数学中抽象概念和定理较多，按照传统的常规理论知识，公式证明复杂，学生主动学习的积极性不高，甚至会出现畏难情绪，影响数学学习效果。为了提高学生学习数学的兴趣，帮助学生更全面地理解数学知识的本质，增强数学学习效果，教师在教学过程中要注重选择能反映数学知识的直观来源、应用背景和理论的直观的案例。而最主要、最容易的做法，就是从身边入手，从生活事例入手，尤其是选择学生最为熟悉的日常生活实例。这样就更接近学生的"数学现实"，从而有助于增强学生学习数学的有效性。"数学现实"是指人们利用数学概念和数学方法对客观事物认识的总体，其中既含有客观世界的现实情况，也包含受教育者使用自己的数学能力观察这些客观事物所获得的认识。具体来说，它包括学生在生活中所接触到的数学问题、数学概念，以及学生原有的认知结构。

其实，在日常生活中，数学无处不在，因此，我们可以先对生活中的数学文化案例进行分析挖掘，让学生体验数学与实际生活的一些联系。这样会增强学生对解决实际问题的探索欲，极大地提高学生观察、分析问题的主动性。值得注意的是，对于日常生活案例的选取，教师应找准契合点，避免生搬硬套，应以应用数学知识解决实际问题为出发点，并且以学生在日常生活中所面临的实际问题为切入点。这样更容易加深学生对知识点的理解与记忆。

若教学对象是文科专业的学生，教师应尽量从文科专业相关的一些数学应用实例中选择案例，例如，在讲授"概率统计"时，教师可以引入数学在股票、选举、考古、诗歌的评判等工作中的应用实例；又如，在讲授"线性规划"时，教师可以将人力、物力的合理调配，工序的合理安排，缩短工期，优化组合等问题转化为数学问题（数学规划）去解决等。这样既可激发学生学习数学的积极性，使文科生了解数学在本专业的应用及数学概念的来龙去脉，又有利于学生数学素养的培养，提升学生专业学习的自豪感，顺利实现"情感态度价值观"目标。

2. 在数学文化融入的方式上，要创设教学情境，掌握切入时机

课堂教学是高校数学教学的主要途径。课堂教学采用何种方法融入数学文化，更有助于高校数学教学，很值得探究。创设教学情境，掌握切入时机是很有效的方法。

教学情境是指在教学过程中作用于学习主体、产生一定的情感反应的课堂环境。教育家夸美纽斯曾说，一切知识都是从感官开始的。创设教学情境，就是要吸引学生的注意力，把学生的思想感官引入教学情境中，因此，创设教学情境是教师教学艺术的体现，同时是数学文化融入课堂教学的切入点。

情境，即生活背景，即文化基础，即师生情感碰撞的土壤。创设教学情境应善于从生活入手，基于学生的文化基础、认知水平和心理特征，让数学教学在学生的文化背景中展开，用情感激发学生的学习欲望，而且渗透在课堂教学的全过程之中，使学生在已有文化背景知识基础上，学习、感知和内化新的知识，完成新知建构。

3. 在数学文化融入目的的达成上，要挖掘文化内涵，实现文化育人

在教学中融入数学文化的最终目的是文化育人。将数学文化融入教学之中，不仅可以帮助学生理解和掌握数学知识，还能让学生热爱中华传统文化，提高民族自信心和自豪感，进而实现文化育人。在教学中，教师要善于利用文化育人的手段，注重数学文化内涵的挖掘和提升，深入挖掘其潜在的教育价值，展现出其民族文化特色、民族精神和民族气质。

三、数学文化融入高校数学教学的路径与实践

（一）数学文化融入高校数学教学的路径

在高校数学教学中融入数学文化，不能仅仅停留在引入数学史料上，还应重视结合现代化教学手段揭示数学思想方法，加强数学与生活的联系，呈现新知生成的过程，凸显用数学思维解决问题的特殊方式和独特魅力，拓宽融入数学文化的路径，帮助学生养成良好的数学文化素养。

1. 挖掘数学文化内涵，构建数学文化传播机制

在教学中，教师要努力挖掘数学文化内涵，在注重数学技能与数学知识传授的基础上，积极构建数学文化传播机制，为学生深入了解数学文化奠定基础。

（1）适时引入数学史，深入领会数学精神

在高校数学教学中，培养学生的数学精神是一项极为重要的任务，它能促使学生更好地成长。数学精神实际上是指数学家在进行数学研究过程中所表现出的奋斗精神、求知精神、创新精神等。数学是一门相对抽象、复杂的学科，这也使学生学习数学的难度大大提升。正因如此，在日常高校数学教学中，我们不难发现不少学生尽管内心十分渴望学好数学，但他们却因之前对数学的认知和学习经历，对学习数学产生了一种惧怕心理。这就需要教师帮助学生消除这种心理障碍，引导学生客观、正确地认识数学，树立信心，而适时引入数学史，用数学精神来激励学生就是一种很有效的路径。例如，我们可以适时介绍以华人命名的数学研究成果、我国历史上尤其是现当代的数学成就、著名的数学大奖以及数学家尤其是我国数学家的奋斗史与创造性思维过程等有关数学史的知识。数学史中蕴含着丰富的数学精神与数学思维，能让学生感受到数学学习是一个曲折前进的过程，数学家也不例外，他们也是在一次次的成功与失败中，总结经验、不断前进。引入数学史能够激发学生学习数学的兴趣，充分调动学生学习的积极性与主动性，还能够培养学生的数学精神，更重要的是通过数学史学生可以了解数学的发展历程，探究数学家的思想，掌握数学发展的内在规律，对其今后的发展具有重要意义。

（2）以数学知识为基础，充分揭示数学思想方法

高校数学中蕴含着丰富的数学思想方法。高校数学教材就是遵循基本数学思想方法的轨迹而展开的。但是，数学思想方法并非直接存在于现实世界中，而是人们通过实践活动，对事物有了广泛的认识后，再进行定性把握、定量刻画，逐步抽象、概括，才形成了模型、方法和理论体系。即数学思想方法由数学的概念、原理、观念和方法提炼概括形成。而教材为了叙述严谨、简洁，在一定程度上省略了概念、公式、定理及其数学思想方法的产生、形成、发展直至完善的过程，大量的数学思想方法隐含在数学知识中。在高校数学教学中，教师应在传授数学知识的基础上，将重点放在知识背后的数学思想方法的探究中，凸显数学思想方法在数学知识学习中的灵魂和精髓地

位，并且在进行数学知识解读时有意识地将内容中蕴含的数学思想方法进行剖析，让学生由内而外地掌握数学知识的本质。

（3）围绕核心知识，整体呈现新知生成过程

核心知识即对学生发展最有价值的知识。就数学学科而言，核心知识一般是指数学的基础知识、基本思想、基本技能和基本活动经验。数学的学习过程不仅仅是知识接收、贮存和应用的过程，更重要的是思维的训练和发展的过程。一般认为，数学不但枯燥，而且抽象，学生学起来乏味，理解困难。如果在数学教学中，教师让学生了解数学知识的来龙去脉及其产生、发展的前因后果，那么学生学起来就会兴趣盎然，不但知其然，而且知其所以然。但长期以来，数学教学常常忽视或压缩数学知识生成的过程而偏重于结果。其实被忽视或压缩的过程正是突出数学思想、培养创造性思维等数学文化的好素材，如数学概念、定理、公式的提出、建立、推广过程，解题思路的探索过程等。数学中每一个概念和定理的发现，几乎都经历了前人长期观察、创造、比较、分析、抽象、概括的漫长过程。由于数学的最终成果是以逻辑推理的形态出现的，学生往往看不到它被发现、创造的艰苦历程，很容易产生错觉，以为数学就是一步一步推导，只有推理没有猜想，只有逻辑没有艺术，只有抽象没有直观，学生对数学的本质不能把握，更谈不上用数学眼光和思想方法来认识周围世界。

因此，在高校数学教学中，教师应改变以往只重视结果、忽视过程的教学做法，注意充分展现数学知识产生、形成与发展的生成过程，尽可能多地暴露思维过程。例如，注重概念、定理、公式的形成过程，展现结论的推导过程，展现数学思想、方法的思考和形成过程，展现问题被发现的过程，使学生仔细体验数学知识得以产生的基础以及获取这一知识的程序和技巧，得到数学文化的熏陶，逐步领悟数学核心知识，最终形成数学素养和成功经验，从而提高数学综合能力。

（4）注重挖掘数学美的因素，创设美育的情境

数学中存在许多美的因素，可以说"哪里有数学，哪里就有美"。然而人们往往只注重实用性，而忽视它的美，尤其在中学阶段，数学的美因忙于解题、苦于对付考试而被埋没，不少学生一直没感觉到数学美，觉得学起数学来枯燥无味。其实数学蕴含着比诗画更美丽的境界。这种美是一种发人深省的理论美、内在美，其含义是很丰富的。例如，数学中有式的美、形的美、对称的美、和谐的美、一题多解的美、数学思想的美、数学内容的美、应用的美等。这些美蕴含在数学的公理、定理、公式、定义、法则等可以直接接触到的内容中，并没有直接、明确地体现出来，它是模糊的、隐藏着的。这就需要教师在教学中引导、启发学生去发现、感受、欣赏数学的这些美，把抽象的数学理论美的特点充分展现在学生面前，渗透到学生心灵中。只有充分展示数学美，创设出优美的情境，使学生感到数学也充满美，他们才能感知、鉴赏、追求数学的奥秘，突破以往学习数学枯燥无味的思维定式，变苦学为乐学，积极主动地探索知识，追求数学美，增强对数学美的热切信念，从而提高学生对高校数学学习的兴趣，培养学生的数学审美能力，最终实现提升学生数学核心素养的目标。这正是将数学文化融入高校数学教学的目的所在。

需要注意的是，在数学教学中融入数学美教育，要把握住理论知识的本质及特征，准确地分析其潜在的美学因素，并予以充分揭示，使学生明确地认识到数学美的含义，

尤其要善于挖掘其中的精妙之处，然后在课堂教学中，根据学生对知识的掌握程度，从各个层次、各个角度，通过一些具体的实例充分挖掘数学内容中的艺术成分，展现出来其中蕴含的美。同时，教师的教学还应当与数学知识的教学及能力培养相结合，并恰如其分地融入教学过程之中，寓教于乐，使学生在潜移默化之中获得美的修养。比如，可以使用发现法教学，从审美的角度提出问题，为学生创造思维情境，使学生沉浸在渴望求得具有美学特征的新知识情感之中。然后在教学中通过实践去获得感知，在此基础上，让学生愉快而自然地发现具有美感的新知识，在这一过程中，学生的审美能力必然会得到提高。

（5）加强日常生活中的数学应用，彰显数学文化价值

高校数学能够被应用于各个领域，在人们的生产实践中扮演着十分重要的角色。随着数学应用越来越广泛，在高校数学教学中加强数学应用环节就显得十分关键。这也对当代大学生提出了更高的要求，大学生不仅需要掌握基本的数学知识，还要用所学的数学知识指导人们的生活，解决日常生活中所遇到的复杂问题。无论是教师，还是学生，都应当对高校数学的应用予以足够的重视。由于高校数学所涉及的领域十分广泛，因此教师也需要对相关学科有所涉猎。通常情况下，数学与物理、化学等学科密不可分，这就要求教师将这些知识融会贯通，进而拓宽学生的思维；学生要学会将理论联系实际，善于将所掌握的高校数学知识与所学专业知识进行融合，会用数学的眼光审视专业知识，用数学思维解决专业学习中的问题，促进高校数学与所学学科的交叉应用，不断彰显数学文化价值。

必须注意的是，高校数学更注重对问题的分析、理论的论证，因此，教师在高校数学教学中更要引导学生在日常生活实践中认识数学、学习数学，培养学生利用数学知识解决日常生活中实际问题的能力，帮助学生在实践中提升自己、完善自我。这样，一方面可以让学生感受到数学的应用价值；另一方面可以培养学生积极向上的数学精神。可见，通过应用数学解决日常生活中的实际问题，既提高了学生解决问题的能力，又增加了学生迎接困难的勇气，还弘扬了坚持不懈、勇敢拼搏等数学精神。这对于学生的成长是尤为重要的，是在高校数学教学中融入数学文化的切实可行的路径。

2. 运用现代化教学手段，展示数学文化的魅力

高校数学不同于初等数学，更侧重于对概念、定理的理解以及对公式的推导，要求学生能够把握数学的核心思想，具备发散性的思维，能深入思考数学课堂中所涉及的一系列问题。如果教师的教学方法单调，缺乏吸引力，就会给学生一种高校数学课堂"枯燥乏味""缺乏生机活力"的不良感观，会使一部分学生不理解教师所讲授的内容，甚至会让一些学生对数学产生一种"畏惧"心理，慢慢地就会有一些学生对数学学习失去兴趣和信心，这对数学教学是很不利的，对学生理解和掌握数学文化有比较大的负面影响，因此，对于教师而言，运用现代化教学手段来充分展示数学文化的魅力不失为一条很好的现实路径。它能够进一步改善目前高校数学教学所存在的问题，先进的教学设备和教学方法能为教师提供更多的思路，使教学形式与教学内容逐步趋于多元化、专业化、立体化、直观化，这也能有效地提升教师的教学效果，有助于学生更好地理解和掌握数学知识。

总的来说，高校数学教学应当充分运用现代化教学手段，将数学文化与教学内容

完美融合，全方位、多角度地展示数学文化，让学生深入数学学习中，用心感受数学，从而对数学产生浓厚的兴趣，最终实现自主学习和快乐学习，这将有助于数学文化的传播，对提升高校数学教学质量也是十分有益的。

（二）数学文化融入高校数学教学的实践

高校数学教学活动围绕数学文化来展开，可以为学生营造良好的学习氛围，促使学生在渴望、热爱的基础上学习和感悟数学，对数学产生全新的认识，更深入地体会数学文化，更好地理解和掌握所学数学知识，进一步提升数学素养和逻辑思维能力，从而传承数学文化。为此，高校教师应当全方位、多角度地加强数学文化的教学实践，使数学文化与高校数学教学深度融合，充分发挥数学文化的价值。

1. 深入钻研教材，充分挖掘数学文化

数学概念、公式、法则、性质和定理等知识都呈现在教材中，是有形的。而数学文化却隐藏在数学知识中，是无形的，并且不成体系，散于教材各章节中，因此教师要认真钻研教材，领会教材意图，弄清每一章节中包含的数学文化内容，把隐藏在具体知识内容背后的数学文化元素揭示出来。

2. 在新课引入中融入数学文化

这是在数学教学中融入数学文化的常见方式。在高校数学教学中，教师在讲授一些比较难理解的数学知识尤其是概念、定理时，常常通过引入知识产生的背景或现实的数学原型或数学史料或与所学知识相关的直观具体的实例，帮助学生理解所学知识。

3. 以数学知识为载体，融入数学文化

数学文化的最高层面是数学作为一门精密逻辑的科学体系，以知识形态存在，具有抽象性、逻辑性和系统性，却蕴含着丰富的数学思想方法。学生在理解、把握数学知识时，不仅仅是记忆形式上的数学知识，更重要的是领会以数学知识为载体的数学思想方法、数学精神等，因此，数学文化的融入要以数学知识为载体，应重视数学的来龙去脉和数学发展的连续性，注重数学的应用，强调数学的抽象过程，凸显数学思想方法。离开基础知识的教学，数学文化的融入就会变成无源之水。纵观高校数学，能够融入数学文化的机会很多，如概念的形成过程，法则的推导过程，结论的导出过程，规律的揭示过程，无不蕴藏着向学生融入数学思想方法和训练创造性思维的极好机会。在教学过程中，一定要精心设计教学过程，让学生亲自参与"知识再发现"的过程，经历探索过程的磨砺，吸取更多的思维营养。

4. 在问题解决中融入数学文化

从某种意义上讲，教学的最终目的是使学生能自主地解决各种问题。数学问题的解决过程，实质上是命题的不断变换和数学思想方法反复运用的过程。数学思想方法是数学问题解决的数学文化成果，它存在于数学问题的解决之中，数学问题的步步转化，无一不遵循这一数学文化成果指示的方向。

数学思想是数学的灵魂，数学方法是数学的行为，它们都属于数学文化的范畴。学生只有把数学知识上升到数学思想方法的高度，才能有效地提高数学素质。如果说数学方法是解数学问题的具体战术，那么数学思想则是数学方法的统帅，是站在战略

的高度上去分析处理数学问题的。在高校数学教学中必须以数学知识为载体，传授数学思想方法。反过来，数学知识的教学也应在思想方法的指导下开展，数学知识和思想方法互相促进，才能使学生深刻地理解数学知识，并能灵活地运用。

5. 在数学应用中融入数学文化

在数学教学过程中，教师可结合学生所学专业介绍数学与其所学专业的联系，特别是讲授一些数学在其专业中的具体应用时，让学生深刻体会数学的实用价值。

6. 在挖掘数学美中融入数学文化

高校数学中处处存在着美，大学教师要着力研究关于数学美的问题，还应当在教学中引导学生挖掘数学中美的因素，在融入数学文化的同时，培养学生的数学审美能力。

总之，高校数学作为绝大多数理工类、经管类等专业学生的必修课程，其重要性是显而易见的。但由于高校数学的难度相对较大，内容更为抽象，这就为学生的数学学习增加了不小的难度。同时，受传统教学观念的影响，有些高校数学教师更重视数学理论知识的传授，而忽略了数学文化的重要性。数学文化在一定程度上能够帮助学生更好地理解数学理论知识，如果教师一味地讲解概念、公式、定理、法则，无疑会让学生感觉枯燥乏味，进而导致一部分学生失去学习数学的信心。随着高校数学教学改革的不断深化，高校教师需要适时转变教学观念，全方位改变教学方式，让学生成为学习的主体，鼓励并倡导学生自主学习、敢于质疑，提高学生的数学文化素养，营造良好的数学氛围。这对于改善教与学的状况，实现高校数学教学目标，培养契合新时代发展需要的高素质人才具有重要意义。

第五章

高等数学教学模式的创新

第一节 高等数学微课设计与翻转课堂教学

一、微课程/慕课教学系统平台

(一) 微课程/慕课教学系统平台的应用价值

微课程/慕课的主体部分是微课视频,微课视频用于学习者在自己方便的时间、地点,使用相应的视频终端进行学习。基于这种学习特征,我们必须建设微课程/慕课教学系统软件平台,以此实现微课程/慕课的教育教学之目的。

①从学习者角度开发软件平台,最大限度满足学习者的期望。通常,微课程/慕课学习平台开发人员与微课程/慕课学习者之间存在代沟,以及自学能力和职业规划等方面的差异,使平台功能有时难以满足学习者的需求和期望,导致学习者对微课程/慕课教学系统平台不感兴趣,花费很大代价开发的学习平台难以体现出其应有的价值。所以,我们必须在充分满足学习者需求的基础上开发平台才有实用价值。

②利用好云计算、大数据等现代技术,低成本实现平台的高应用价值。我们应依据不同类型院校的教育管理体制特征,充分利用云计算、大数据等现代信息化技术,以可持续发展的眼光进行平台设计,实现低成本高应用价值的目标。以微课程教学为基础,以模块化扩展方式实现慕课的大规模优势,以此满足各类院校低成本、不同规模应用的需求,最大限度地发挥出平台的性价比和实用价值。

(二) 微课程/慕课教学系统平台的基本功能

如何建立微课程/慕课教学系统平台,焦建利提出:不深入研究慕课教学法难以设计开发出好的模块平台,一个好的模块平台必须是一个好的在线学习管理系统,一个好的慕课平台应当能够支持混合学习,一个好的慕课平台应当基于联通主义学习理论。

①平台监控督导功能。对平台中的教学管理模块、课程学习模块的运行情况进行实时监控,实现微课程数量、上线人数、微课学习次数、互动与反馈、进阶式作业完成等数据的统计分析。收集、统计微课学习者对课程、教师的评价与建议。

②教学管理功能。主要功能有微课视频上传、相关教学资料上传、学习者信息管理、不良信息过滤以及学习者成绩评价、互动答疑、团队交流、学习者活动统计等。

③课程学习功能。主要功能有个人账户登记、公共课程学习、专业课程学习，电子书阅读、微课视频观看、进阶式作业完成、师生互动答疑、团队互动交流、助学资料学习、翻转课堂学习交流、综合性作业、创新性课题等。

④技术支持系统。支持 3G～5G 手机、iPad、计算机等设备收看微课视频；支持局域网、无线网、广域网广播，支持流畅无延时的 Direct 3D、OpenGL 和高清视频广播；支持主流云端虚拟桌面平台（Citrix、VM、微软等）。

二、翻转课堂教学模式的应用价值

①为实施有效的混合教学模式提供了有效平台。翻转课堂为教学改革提供了一种有效的综合性教学平台，能够使教师应用现代信息科技手段实现基于不同课程内容、特征的混合式教学，使不同类型院校都可根据其课程特点、学习者特点和教学目标要求，实现教学模式多元化、教学方法灵活化，增强教师采用新教学模式来改变教学理念的信心，提高教育教学质量。

②能够提高学习者的创新意识和能力。学者研究认为采取翻转课堂教学之后学习者的自主学习能力得到加强，表达能力和发现问题的洞察力都得到了提升，同时在分析问题时具有大胆创新的意识。《国务院关于大力推进大众创业万众创新若干政策措施的意见》中指出，推进大众创业、万众创新，是发展的动力之源，也是富民之道、公平之计、强国之策，对于推动经济结构调整、打造发展新引擎、增强发展新动力、走创新驱动发展道路具有重要意义。目前，个别院校在培养学习者解决问题和创新方面还存在一点问题，不能完全满足社会对人才的需求。培养人才创新能力有多种方法，翻转课堂教学在培养学习者的创新能力方面是一种长期有效的培养模式。

③能够为实践教学提供充足的时间和精力。通常，在实践学习过程中还要挤出时间进行理论补充性学习，有时会导致实践时间不足，对实践学习效果可能产生影响。采取翻转课堂教学之后，所有的理论学习通过课前自学，在学习者充分掌握的基础上，再开展实践学习，时间充足、理论准备完善，促使学习者的职业能力、职业技能水平得到显著提高。

④能够适当弥补学校实践教学条件的缺陷。由于经济发达程度及对教育重视程度等的不同，各地的办学条件存在着一定差距。无论是中小学还是高等院校，都在一定程度上存在实践教学条件不足、难以完全开展实践教学的情况，严重影响着实践教学和人才培养质量水平的提高。采用微课程与翻转课堂结合的教学模式后，一些实践教学的微课视频、教学资源等可以在一定范围内共享，课前，学习者自学微课视频并在课堂上进行研讨互动，师生都能从中受益。

⑤翻转课堂教学是一种投资少、见效快的高收益教学改革项目。微课程与翻转课堂结合的教学模式需要一定的设备、软件投资和师资培训投资，如果开展以教师为主导、以县（市、区）或高校为单位统一布局组织实施，实际上是一种性价比很高的教

学改革项目。现在，中小学、高校基本具备开展该项目的硬件条件，学习者也多数拥有微课视频学习设备（计算机、手机等），把学习者玩游戏的时间和精力充分瓦解掉，使其转向微课程学习，是一件"一举三得"（戒掉游戏瘾、自主学习、提高终端设备利用价值）的好事情。

三、翻转课堂教学策划与模板设计

（一）传统课堂教学与翻转课堂教学比较分析

1. 传统课堂教学与翻转课堂教学结构比较

翻转课堂教学是相对于传统课堂教学而言进行教学结构翻转的。在翻转课堂教学全程中，以学习者为中心组织教学，学习者在课堂内外都是学习的主人，教师是指导者、启发者，负责培养学习者的自主学习能力。

2. 翻转课堂教学的"四转四重"特征

翻转课堂教学具有"四转四重（"四个转变"和"四个注重"）"特征，教师在实施翻转课堂教学过程中应把握好这些特征，以取得预期的教学效果。

第一，具有"四个转变"的特征：①从传统教学的"关注知识的传授"向"关注学习者的发展"转变：以学习者为中心，以培养学习者职业能力为目标开展教学；②从传统教学的怎样"教好教材"向怎样"用好教材"转变：课程不等同于教材，教材是课程的主要知识载体，因此，在教学过程中，在充分发挥教材作用的基础上，将行业企业的新知识、新技术和新方法等及时融入教学内容之中；③从传统教学的注重"教"向翻转课堂教学的注重"学"转变：在教学过程中，教是促进学的基础方法，学是实现教学目标的核心方法，而培养学习者的自主学习能力则是教学的主要目标之一；④从"传统教学"向"新理念教学"转变：教师和学习者的理念转变是核心。

第二，具有"四个注重"的特征：①注重学习过程：学习者积极参与到学习过程中，在学习过程中提高个人能力和学习业绩，以此实现教学目标；②注重学习者活跃的思维方式培养：在注重教学过程中，重点培养学习者的思维能力、发现问题的能力和分析解决问题的能力，学习知识只是培养学习者思维方式、职业能力的方式，而不是学习目的；③注重学习者自主学习习惯和能力的培养：自主学习能力培养需要一个长期过程，翻转课堂教学过程中，从课前、课中到课后，都通过一定形式、任务和压力来培养学习者的自主学习能力；④注重学习者合作精神的培养：团队合作能力是学习者将来从事各种工作岗位必备的职业核心能力，在翻转课堂学习过程中，采取团队合作方式组织学习，是培训团队合作精神和能力的有效方法之一。

（二）导学案的设计与模版

1. 导学案设计原则

在开展翻转课堂教学过程中，教师应提前设计好导学案，并将其发给学习者以指导其课前或课中、课后的自主学习，使学习者少走弯路，实现有目的、有方法、有内容的学习过程，以取得高质量的学习效果。教师应依据如下原则设计导学案：①按微课程内容和教学进度计划设定课堂教学单元（2 节课或 4 节课为一个单元），每个单元设计一份导学案。注意导学案与学案的侧重点有所不同；②根据每个课堂教学单元的教学内容，细化学习者自学任务和相应的学习资源；③每个课堂学习单元之间存在衔接关系，每个学习单元涵盖至少一节微课。

2. 导学案模板设计

导学案模板分为以理论教学为主、以实践教学为主两种学习情况。教师可根据不同课程内容和要求对导学案模板进行适当修改，以达到高效、高质量地指导学习者进行自主学习之目的。导学案设计重点是围绕应实现的教学目标，学习者应该学会或掌握哪些知识点/技能点，通过学习哪些资料可以掌握这些内容，并通过作业训练自己检测是否实现了学习目标。

（三）翻转课堂教案设计与模板

1. 翻转课堂教案设计要求

教师在设计翻转课堂教案中的教学过程、步骤和内容时，应充分体现出以学习者为中心的理念和方法，可按如下要求进行：①通过各团队负责人汇报任务完成情况，教师可了解整个课前自学过程和效果；②教师通过组织团队内部交流和各个团队之间的答疑、互动活动，尽量使更多的问题由学习者自行解决；③针对学习者不能解决的问题，教师予以分析解决；④对任务完成情况、互动情况进行考评，要以团队自评、团队之间互评和教师综合评价方式开展；⑤对综合性作业、创新课题进行启发、引导；对有需求的学习者进行个性化指导。

2. 翻转课堂教案模板设计

以实践教学为主的翻转课堂教案为例进行设计说明。在模板中，教师应根据本次试训的具体内容将教学内容中每一个步骤的内容进行具体表述，使其成为一个完整的、有可实施内容和可操作性的实践教学方案。以理论为主的翻转课堂教案可参照实践教学方案进行相关内容的修正、完善，基本格式相同。

（四）作业训练与测评方法设计

在微课程与翻转课堂结合的教学模式中，应设计进阶式作业、综合性作业和创新性课题 3 种类型的作业题进行阶梯式训练，并设计相应的测评方法进行自我测评、互评和教师考评。

第一，课前完成的进阶式作业设计。在课程网站中设计与微课内容密切关联的进阶式作业，每学完一节微课，完成相应的进阶式作业并进行自测，学会后才能进入下一个微课视频的学习，以此实现学习者对学习知识的理解、简单应用之目的。基本要求如下：①每节微课后设计 4~9 道作业题，包含相关微课的教学重点，还可包含其他非微课中的相关知识点/技能点，可分为 2~3 个难度等级，以满足不同学习者的需求；②采取激励方式，实行阶梯式升级考核体系，鼓励、促进学习者越学越感兴趣；③题目类型为选择题、填空题、判断题、简答题等；④微课程平台能自动进行评分。

第二，课堂中完成的综合性作业设计。综合性作业是对所学的知识点进行综合性应用、解决问题方面的训练，安排在课堂上进行，使所学知识得到初级内化、迁移，形成初级职业能力。基本要求如下：①设计 2 ~ 4 道较为复杂的应用计算、综合分析类的作业题，每道题通常需要 10 ~ 15 分钟完成；②每道题中涵盖 2 个以上的知识点/技能点，包括对应的微课中所有教学重点和微课以外的一般性相关的知识点/技能点；③原则上分团队进行作业批改，培养学习者发现、分析问题的能力。

第三，课堂中、课后完成的创新性课题设计。创新性课题是来源于行业企业、社会需求等方面的真实课题，开始先设计一些简单的课题，随着知识/技能的积累，逐步加大课题难度，以此培养学习者的综合应用能力，实现知识内化、迁移。每门课程可根据情况安排 8 ~ 12 个创新课题分阶段进行学习训练。创新性课题通常没有标准答案和解决方案，只有最佳方案。我们可采取研讨方式、试验方式进行测评，要注意发现创新点。

第四，采取以学习者的学习过程为主导的综合评价模式。包括：①建立完善、详细的课堂教学过程记录和团队中自主学习过程、互动学习记录；②对学力（学习成绩、探究能力、操作技能、团队合作）、交往（执行力、文明交谈、尊重对方、赞扬他人、异议表达）、健康（身体健康、心理健康、健康的学习与生活方式）、道德（公民道德、职业道德、职业素质、学术道德）4 个方面进行定性与定量结合的评价，可按照 30%、20%、20%、30% 的比例确定日常评价的综合分数；③可按过程考核占 60%、期末考试占 40% 的比例进行课程的综合考评；④有创新成果应单独制定加分方案，鼓励更多的学习者进行创新性学习和研究；⑤应制定对团队整体与个体结合的考核评价方法，避免学习者游离于团队之外。

四、翻转课堂教学实施设计与过程控制

（一）对教师和学习者进行必要的培训

由于微课程、翻转课堂教学等是近几年新引进的教学理念和方法，很多教师和学习者不理解、不知情，也不习惯这样的教学模式，因此，为了有效开展好教学活动，必须事前对教师、学习者进行系统性培训，转变学习理念，在此基础上使其掌握新的学习、教学方法。在教与学的过程中体验这种新模式的优点和收获，通过不断调查了解教师、学习者的感受和意见，进行改进和完善，微课程与翻转课堂结合的教学模式日臻完善，才能取得预期的教育教学效果。不能盲目跟风和抄袭其他院校的做法，否则会产生很多的不适应症导致效果不佳或者失败。

第一，对教师培训的主要内容与方式建议。主要培训的内容有微课程与翻转课堂结合的教学模式的发展前景与意义、微课/微课程/慕课/翻转课堂的概念及其深刻内涵、微课程系统设计方法、微课设计与制作方法、翻转课堂教学方法以及相关的软件操作应用、微课作品研读、教学方法应用等内容，指导教师以团队合作方式开发设计微课程并用于教学。

第二，对学习者进行培训的主要内容与方式建议。主要培训的内容有微课程与翻转课堂结合的教学模式的发展前景与意义、微课/微课程/慕课/翻转课堂的概念及其深刻内涵、自主学习方法、研讨互动学习方法、团队合作学习和创新性学习研究方法等，激发学习者的学习兴趣、学习主动性和积极性。通过师生共同努力，提高教育教学质量，实现教育教学目标和学习者的成才目标。

（二）翻转课堂教学组织实施方法

1. 静态与动态的有机结合

微课程与翻转课堂教学之间存在着动静互补的关系，在实际教学过程中，教师如何运用这一关系呢？微课程与翻转课堂结合的教学模式具有系统性、完整性特征，应按照静态设计方法和程序要求开展课前自主学习、课中组织学习、课后巩固学习三个环节的教学活动。在具体实施过程中，要根据学习者的实际学习成绩情况，对课中、课后学习内容和要求进行动态微调，以实现因材施教、高效率、高质量的学习要求。在这三个环节中，教师应根据学习者提出的超预期问题进行扩充指导，以满足不同学习者的求知欲望和学习需求。通过各个教学环节的学习情况进行信息反馈，提出改进、完善措施，适当调整教学内容，避免因某个环节出现问题没有及时解决而导致恶性循环问题发生。

2. 学习者自主学习的组织方法与要求

①以学习团队作为基本单位开展教学：通过自愿组合或适当干预的方法，组建学习团队，每个团队有 3～5 名学习者。每个团队完成相同的学习任务。通过营造团队协作的学习氛围，促进团队间的交流探讨。根据每次的学习任务进行明确分工，实行团队负责人负责制度。在团队负责人的带领下，组织团队成员自主学习、互动交流、合作解决重大难题，共同完成团队学习任务，增强团队的协作能力、人际交流能力和创新能力。

②课前自主学习的组织要点：首先，学习者应按照导学案或任务单要求，全面、系统地学习微课视频、教材和相关助学资料，有问题尽量自己解决。学习者实在弄不懂的问题，应及时通过团队成员面对面交流或微课程网站上互动交流进行解决。学习者应首先在本团队内部通过研讨解决，其次通过微课程网站平台与其他团队的学习者互动解决。如果还没有解决问题，则通过 QQ 或其他方式与教师互动解决。

③课堂上的学习组织与实施：在课堂进行学习过程中，首先，学习者应根据课前、课后团队成员自主学习情况，经过团队成员研讨后，由团队负责人向班级全体学习者和教师进行总结汇报；其次，学习者应将课前、课后自主学习中没有彻底解决的问题，在团队中进行交流，并确定是否将其作为难题提交到课堂上研讨。

在教师组织下对各个团队提出的难题进行团队间的研讨、互相解答，以增进学习者之间的情感交流、培养团队合作精神。教师应将更多解决问题的机会交给学习者，重点培养其探究问题、解决问题和沟通交流能力。针对班级学习者共同面临的、无法解决的重大问题，由教师完成解答任务。学习者参与完成团队内部、团队之间以及教师的评价活动。团队负责人应记录本团队成员的各种表现与成绩；教师应记录各个团队及相关学习者的表现与成绩。

④课后巩固学习的组织方法：课后自主学习的内容包括对课堂学习中研讨的问题进行系统总结、对综合性作业进行回顾复习，课堂中没有完成的创新课题应在课后继续完成。学习者自己安排巩固学习的内容和学习方式，遇到难题无法解决时，应通过团队内部互动解决，难题仍无法解决时可向其他团队、教师求教解决。

3. 课堂上教师的教学组织要点

教师在组织课堂教学过程中，按照翻转课堂教案组织进行，但不能生搬硬套教案中的规定程序和内容，应根据具体课堂进展情况和学情进行必要的微调，要求如下：

①引导学习者提出质疑，关键性问题可采用苏格拉底方式进行提问，刨根问底，使问题的解决具有一定深度和广度，以此培养学习者的思维模式和分析解决问题的方法。

②在各个团队负责人汇报本团队自学情况和存在的问题的过程中，教师应认真聆听并准确把握每个团队自学情况及存在的问题，要组织团队之间进行互评，包括完成自学任务情况、课堂上回答问题情况、课堂上完成综合性作业情况。通过团队内互评、团队之间互评，提高学习者的互动交流能力和发现问题能力。

③在学习者研讨过程中，教师应巡回检查、指导，对不积极参与研讨、开小差的学习者应及时予以指正，以促进每个团队的研讨更加活跃、充分，将头脑风暴法、六项思考法等方法教给学习者，以取得更好的、深入的、全面的研讨结果。

④教师在备课、编写翻转课堂教案过程中，每堂课应适当准备 1~3 个具有代表性、一定深度和广度的综合性研讨题目，并根据时间、学习者掌握的知识/技能情况，在恰当环节提出来，供学习者研讨、解答。这类研讨题尽量不要有标准答案，可以从不同角度进行分析解答，以此培养学习者的多角度分析问题、解决问题的能力。

⑤课堂上，教师应以鼓励、赞赏的语气为学习者回答问题打气，不要轻易否定他们的答案。当学习者回答问题时，原则上让其他学习者不断地进行补充、完善，在此过程中，培养学习者深度思考、探索能力。

（三）实践训练的组织方法

实践教学中的相关理论、原理、方法步骤和注意事项等内容，都可在微课视频中进行讲解，有些微课视频中还有教师示范操作、学习者操作等内容。通过课前自主学习，学习者应牢固掌握这些理论知识和方法，为课堂上开展实践训练打下基础。

1. 简单项目的实践教学组织

对于相对简单、没有安全环保问题的项目，可参照如下步骤组织实践教学：

第 1 步，组织各个团队进行 5~10 分钟研讨，使其牢固掌握操作方法和注意事项。如果还存在不明白的问题可进行研讨解决，或向教师咨询。

第 2 步，对各个团队没有解决的疑难问题，组织互动解答。

第 3 步，各团队开始按照规定程序进行实践操作训练。在学习者操作训练过程中，教师巡回检查、指导，发现问题及时进行引导、更正。

第4步，检查各个团队的实践操作、产品质量。

第5步，对产品质量方面存在的问题组织进行研讨。

第6步，进行本节课程的总结，布置课后作业。

2. 复杂或具有安全/环保项目的实践教学组织

对于相对复杂、具有安全/环保要求的项目，在进行实际操作之前应对操作中的关键步骤、安全要求、环保要求等进行强调，避免在操作训练过程中发生问题或造成事故，确保学习者的人身安全和财产安全。可参照如下步骤进行：

第1步，组织各个团队进行5~10分钟研讨，使其牢固掌握操作方法和注意事项。并对安全/环保问题进行研讨，提出不能解决的问题。

第2步，对各个团队没有解决的疑难问题，组织互动解答。并强调安全/环保要求和关键操作要求。

（四）教学反馈与持续改进

教学反馈与持续改进是保证微课程教学质量的关键环节之一。通过翻转课堂的教学实施过程，我们可以发现微课视频、助学资料、教案等各方面存在的优势和缺陷，及时进行系统分析研究，提出相应措施，反馈到相关微课程设计、翻转课堂设计、教学实施等环节，使其更加完善，避免类似问题和错误在以后的教学过程中重复出现。

翻转课堂教学过程的反馈是多维度、多方式的。反馈信息来自不同层面、不同渠道，涉及微课程设计、翻转课堂教学的各个环节，因此，这种反馈体系有效地保证了获取信息的多样性和信息处理的及时性，对整个教学过程的调整和教学效果的改善具有重要意义。从学习者层面的课外自学进度、学习困难、对教学资源的意见等可借助微课程平台、QQ群、微信等传递给教师。课内研讨、互动直接给学习者提供反馈信息渠道。从教师层面的课堂研讨、互动是获得反馈信息的重要途径，完成各种类型作业的质量、在线互动研讨情况也是教师了解学生的学习效果的途径。只要教师注意收集反馈信息，认真进行教学研究分析，及时对相关教学资源、教案、课外指导和教学方法等环节或内容进行调整、补充和改进，并在课堂内及时查漏补缺，就能充分发挥出微课程教学运作模式的各项优势，实现提高教育教学质量之目的。

第二节　高等数学教学中融入数学建模的思想与方法

一、运用数学建模的思想提高学生数学应用能力

（一）数学建模对培养学生数学应用能力的作用

①激发学生学习兴趣和增强学生信心。教师在课堂教学中渗透数学建模思想，把

数学与学生生活的实际结合起来，引入一些实例，加强数学教育的实践性，培养学生自主学习的主动性和创新意识，这就可以克服传统数学教学中内容的单调、枯燥无味，激发学生学习数学的积极性和兴趣。通过数学建模的教学，用数学知识解决学生熟知的日常生活中的问题，采用学生容易理解和接受的方式传授数学知识，注重学生的亲身实践，这些都可以增强学生学好数学的信心。

②培养学生应用高等数学知识的意识。将数学建模的思想引入课堂教学后，可以使学生遇到实际问题时能从数学的角度运用所学的知识和方法去观察、分析、解决问题，从而培养学生数学应用意识。

③提高学生的综合能力。在数学建模过程中，学生要对实际问题进行分析、查找资料、调查研究，对实际问题进行数学抽象，运用相关的数学知识建立数学模型，并利用计算机及相应的数学软件求解，从而提高了学生的理解能力，锻炼了学生分析、解决问题的能力。

（二）在高校的数学教学中体现数学建模的思想

第一，在教学目标中体现数学建模的思想。高校的人才培养目标中，拥有丰富的理论知识是非常重要的一条，遵循基础性与应用性并重的原则，并强调培养学生的数学应用意识，并融入数学建模的思想与方法，旨在培养学生用数学知识认识、分析、解决各专业实际问题的能力。根据现代教学思想的指导，在具体实现教学目标时，首先就要将数学建模的思想渗透进去。在教学中，教师要改变教育教学观念，要以培养学生的综合素质，尤其是要以提高学生的应用数学能力为其目标，不应该简单以掌握数学知识为目标。如对于极限的学习目标不应只是掌握极限的概念和计算，而应该想到它还有什么应用、如何应用以及哪些问题可以归结为极限及其计算。又如，条件极值问题的学习目标，不仅只是掌握其概念，而且要会应用。

第二，在教学内容中体现数学建模的思想。将数学建模的内容渗透教学内容，关键是将数学建模的思想渗透进高等数学的教学中。通过与各系部的研讨，我们认真分析了学生后续专业课程学习与能力发展所需高等数学知识的内容，根据就业与专业学习要求设计了高等数学教学内容与教学思想的改革总体思路。在保持数学经典核心内容的前提下适当精简理论内容，增加数学建模案例，融入现代数学思想与方法，实行模块化教学模式。如可以结合一些建模的实例来讲，但这些实例最好有实际意义，能够激发学生的兴趣。同时，习题的布置和练习也是很重要的，要布置一些没有固定答案的、开放性的习题，这有利于发散性思维的训练，同时可以布置一些数学建模的模拟题，难度适中。

第三，围绕教学建模不断改进教学方法。数学建模学习会提高学生创新能力，增强学生学习新知识和新技能的欲望。为了培养学生建构知识的能力，教学过程中运用多种教学方法与手段。根据内容的不同，我们灵活使用启发式教学法、讲练结合法、情境教学法、问题驱动法以及讨论式、自学式等多种方法。

第四，进行数学建模实践活动。鼓励学生参加数学建模竞赛。现在每年都有全国大学生数学建模比赛，教师应鼓励学生积极参加全国大学生数学建模比赛。参加比赛，一方面可以激发学生的潜能，让学生看到自己的潜能有多大；另一方面，可以培养学生的团队精神和沟通能力，锻炼协作能力。

总之，在高等数学的教学中运用数学建模思想，通过数学建模建立模型解决实际问题，学生在问题解决的过程中，体会数学的重要实际意义和乐趣，才能更好地提高学生的数学应用能力。

二、数学建模思想在高校数学教学中的渗透

数学是一门基础学科，同时是一门应用性很强的学科。它在自然科学、社会科学、管理工程、生物工程、经济分析等领域都有着广泛的应用。高校数学的教学目的主要在于培养学生应用数学知识解决实际问题的能力。它遵循"以应用为目的，以必须、够用为度"的原则，注重培养学生的基本运算能力和分析问题、解决问题的能力。而数学建模是利用数学模型解决实际问题的一种方法，它通过对实际问题的抽象简化，确立变量和参数，建立数学模型，并对模型进行求解和解释，最后将所求的结果回归实际，看能否解决实际问题，必要时对模型进行改动、推广、扩展。在高校的数学教学中渗透数学建模思想，不仅可以降低数学学习的难度，为学生创设一个真实而完整的数学学习情境，加深学生对数学知识的理解程度，而且还可以使学生体会到数学的应用价值，增强学生学习数学的积极性，激发学生学习的热情，提高学生的创新能力和综合运用知识解决实际问题的能力。

（一）在教学的引入中渗透建模思想

传统的高等数学教学是从概念、定义和公理出发，先进行一番推理、论证后再讲应用，学生在学习时往往感到抽象空洞、难以接受，如果直接从生活实际案例出发，由解决一个具体问题入手并介绍相应的方法和理论，这样容易引起学生的兴趣，使他们易于接受教学内容。

（二）在教学难点的突破上应用数学软件

不可否认，在高等数学的教学内容上，由于学生自身基础的限制，有些内容对他们来说，是难以掌握的。我们可以利用数学软件的作图和计算功能，可以通过观察或者计算，验证数学命题与定理，从而略去了烦琐的推导与证明，这对高校的学生是大有裨益的。

（三）在作业布置和考核方式中渗透数学建模思想

要真正做到把数学建模思想融入高校教学，改革成绩评价机制是必不可少的一环。科学的成绩评价应兼顾理论与实践，一是期末考试应该保留，这里考核的是基本的知识和技巧，但要注意控制试题的难度；二是要结合各专业特点和数学课程的进展，分阶段给学生布置一些小的开放性课题，让学生以论文的形式在课余时间来完成，教师

按照科学性和创新性对论文进行等级评分；三是把期末考试的分数和平时的论文分数按一定比例进行综合，才得到最终的评分结果。这样的成绩评价机制兼顾知识和能力，可以有效避免高分低能的现象。

（四）结合专业知识的应用渗透建模思想

数学是很多专业的一门基础课。该门课程可培养学生用数学的思想、方法和应用数学解决实际问题的能力。在教学中，教师要结合学生所学的专业，选择学生感兴趣的数学模型，激发专业学习的兴趣，弱化烦琐的理论推导和计算，从而拓展学生的视野，培养了他们的综合能力。

总之，将数学建模思想巧妙地渗透到高校数学教学中，不仅能大幅度提高数学课堂的效率和学生的积极性，而且能培养学生思维分析能力和解决实际应用问题的能力。高校的数学课程教学的教师在这方面应该积极地探索和应用，以利于进一步提高高校数学教学的质量，为提高大学生的综合素质贡献力量。

三、数学建模融入高校数学的实践

（一）以"三个结合"为原则，设计高校数学建模教学内容体系

第一，高校数学建模教学要与高校教育的培养目标相结合，加强动手能力和建模能力的培养力度。

第二，高校数学建模教学要与高校学生的知识、能力、水平相结合。另外，针对生源的实际情况，可以考虑分层设计。第一层次，在建模普及阶段，通过简单模型的分析，学生领会和掌握数学建模的基本思想和基本方法，养成运用数学知识分析、处理简单实际问题的意识与习惯；第二层次，部分优秀的学生可以组织参加竞赛培训，增加模型的综合性、复杂性，进一步提升学生的数学建模能力。

第三，高校数学建模教学要与高校数学课程内容相结合。近年来，随着数学建模活动的深入开展，许多学校把数学建模的思想方法融入高等数学课程方面进行深入的探索与实践，许多教学与实践相结合的教学方法与手段以及新颖的教学内容正逐步进入高等数学课堂，对提高学生学习数学、应用数学的积极性，以及分析问题、解决问题的能力起到了非常大的作用。

高校数学的教学内容主要包括数学建模概述、极限、导数、微积分、微分方程、优化规划、概率统计、数学实验等方面。特别是数学实验，要引起高度重视，数学建模本身就要求与计算机技术充分融合、在计算机技术飞速发展的今天，可以用 Matlab 等数学软件轻松完成烦琐的计算，对在上述内容中涉及的计算、运算技巧等都可纳入数学软件解决，教师仅仅对这些问题中涉及的数学概念、定理的结论进行讲解。

（二）在建模培训指导中充分发挥教师的主导作用

第一，重视对几类常见数学模型的训练与归纳总结。在全国大学生数学建模竞赛

专科组题目中，优化类、预测类、评价类问题交替出现，对这几类问题进行分类整理归纳，对于提高学生的分析问题、解决问题的能力非常重要。优化类问题在建模竞赛中占据着非常重要的地位。

第二，坚持每周一次的讨论班。组织同学挑选合适的建模论文研读，了解别人的工作，并将各自的认识、看法报告给其他同学并互相讨论，加强对问题的认识程度，在此基础上提出自己的一些看法和改进措施，从而更好地解决问题。引导学生不断地思考，从而改变学生被动学习知识的教学模式，养成自己去查阅大量的书籍和资料来研究相关问题的能力。

第三，规范科技论文的写作，养成严谨的学术态度。论文是数学建模的成果体现，容纳了参与人的全部工作的心血。数模论文的撰写与修订能快速培养表述观点与结论的层次性与清晰度。严格规范的写作培训也杜绝引文不规范、剽窃他人成果等不良习惯，培养良好的科研素养。

第四，培养学生坚强的意志和永不言败的自信。对每一次的模拟竞赛论文提出意见，反复斟酌建立的模型，经过反复修改，到最后得到漂亮的、满意的论文成果，学生在这中间所经历的沮丧，对自我能力怀疑、否定的痛苦，都需要坚强的意志和超强的抗压能力。

（三）基于目标过程模式的教育教学管理

为进一步落实基于目标过程模式的教育教学改革精神，深化课堂教学改革，规范课堂教学管理，特提出如下课堂教育教学管理办法。

1. 教学准备

①熟悉专业人才培养方案，明确本门课程在专业培养目标中的作用与地位，理清本课程与前导、后续课程的关系，了解本课程的开课学期、总学时数等。

②理解课程标准内涵，明确本课程的性质、任务和基本要求。

2. 深化课堂教学改革的主要内容

①精心编写教学任务书：教学任务书是针对每次课的教学目标、教学任务、考核内容与评价标准进行合理设计的教学资料，应有教与学的任务与教学过程设计的体现，教师每次课需携带教学任务书，并让学生充分明确本次课的教学任务与要求。

②合理设计教案：教案是教学环节中的重要一环，是圆满完成课堂教学的基本保证，教案的撰写首先应进行课程的顶层设计，即结合课程标准的课程目标选取案例（群），且案例（群）的综合性、难度等科学合理；然后按课标的案例任务分解方法设计实践体系；再根据实践体系的要求设计理论知识。我们所说的教案可以与传统意义上的讲义不加以区分，但应该是稍加整理后便可以公开出版的教材，是基本成体系的。

③及时准确做好学生成绩登记：学生成绩的评定是一项严肃的工作任课教师应根据《学生成绩登记册》上的填写说明对学生的课堂考核（对应教学任务书中考核内容的考核情况）、平时表现、综合过程考核情况、过程考核、综合测试、总评成绩等进行及时准确登记。

④改革教学方法、手段：教师应摒弃"满堂灌"，多采用互动的教学方式。理论教学强调所授内容是为实践项目（任务）的完成服务，课堂上要尽量提高师生双向交流和课堂教学气氛活跃的力度。实践教学要以学生动手操作、实践为主，要在教师的指导与带领下，以学生完成任务为目标，同时要注意把职业道德教育渗透到理论教学和实践教学过程中，提升学生的整体素质。

⑤加快校本教材建设，推进教材改革：学院将通过教案评比等途径加快校本教材的建设，逐步完善教材选用机制，推进教材改革、任课教师要不断完善与改进教案，提出教材选用建议，积极参与教材改革。

⑥加强课程综合测试命题工作，推进考试改革：高校教育考试制度的改革强调对学生综合运用知识解决实际问题能力的考核，强调对学生动手能力的考核。学院提倡课程综合测试以开卷形式进行，其命题主要采用案例综合测试型、自由应答型、开放型试题等形式，主要考查学生对所学课程知识的理解程度和灵活运用的程度，克服死记硬背应付考试的不良倾向，提高考试质量。

第三节　计算机辅助高等数学教学

一、计算机辅助数学教学的功能特性

计算机辅助数学教学由通用计算机系统和具有实现数学教学功能的软件所组成，由于计算机在程序的控制下可以通过输出设备向人们呈现各种信息，通过输入设备接收使用者输入的各种信息，并能对其进行判断和处理，根据判断结果进行转移和提供有针对性的提示信息，因此，把具有数学教学功能的软件配置到计算机之后，计算机就能像教师那样，与学生构成"人－机"对话教学系统，完成一定的数学教学任务，这样的教学系统融图、文、声于一体，很大程度上改善了认知环境；而计算机与数学更有着天然的内在联系，这就使得计算机辅助教学给中学数学教学增添了新的活力，形成了一些功能特性。

（一）拓展数学活动的内容和方法

从思维角度来说，计算机技术是人类头脑的延伸，它可以依照人们预想的程序去做很多的事情，除了进行基本的数学计算、作图、统计、推理及证明，还可以模拟数学实验、探究数学问题、开发数学想象、促进数学理解，有效拓展数学活动的内容和方法。

数学的实践活动中，从数学问题的提出到数学模型的建立，从数形关系的寻找到规律方法的探索，从算法的规划到参数的估计，都可以通过计算机这一现代智力工具加以实现，可以说，以计算机为主体的现代信息技术既是数学知识发展的工具，又是数学知识的一种表现形式。计算机模拟数学实验为探索数学的规律性提供了方法和途径。

从一定意义上来说，数学已经成为一门新的实验学科，它的活动范围已经不再局限于演绎推理的形式体系。

从根本上看，数学来源于现实，扎根于现实，而且应用于现实，因而学生应当在密切联系实际中掌握数学，形成用数学的意识和能力，这也是数学新课程标准的基本理念之一。但实际生活中涉及的数学问题，往往数据烦琐、计算量庞大，使学生望而生畏，但是，有了计算机，这些问题就都迎刃而解了，中学数学可以毫无顾忌地增加近似计算、概率统计、回归分析等与现实生活密切相关的内容。例如，股市的指数分析、银行利率计算、商品价格波动等问题，只需将数据输入计算机，立即会得到能够反映客观情况的均值、方差和图像等信息。

总之，计算机技术的介入，给数学活动带来的不只是某一方面的变化，而是从内容到形式的整体改观。

（二）改善数学学习的环境

从学生数学学习的角度来看，计算机技术所具有的卓越性能，给数学学习过程增添了新型的强有力的认知手段，使数学学习的环境条件更为优越，有利于学生成为真正的主体，使学生能从静态和动态、局部和整体、图形和数值、具体和抽象、理论和应用等侧面去研究和探索数学中的各种问题，使数学学习过程真正成为一个积极能动的活动过程。

计算机技术所提供的外部环境刺激往往不是单一的，而是多重感官的综合刺激，这对于实现"意义建构"、知识的获取和保持，都是非常有利的。荷兰著名数学教育家弗莱登塔尔指出，学一个活动的最好办法是做。学生利用计算机所提供的环境进行探索、尝试、猜想、归纳、类比等实践活动，获取的知识会更有效、更具有广泛的迁移力。

此外，计算机网络教育的形成和快速发展，使得学生的数学学习方式趋于多样化，网络使数学学习突破了时空的限制，在学习时间、空间和进度上给了学生充分的选择自由，这样的学习条件能够最大限度地发挥学生的自主性，实现个性化发展，受网络学习环境之赐，一方面是个人的知识和智慧可以被多数人所共享；另一方面是让全社会的知识和智慧都能为每个人所用。也就是说，网络不仅可以传递数学教育信息，而且不同学校的师生可以在网上就某个数学问题进行探讨、交流和对话，实现资源共享。可见，网上学习能够实现个别化学习、协作学习、终身学习和远距离学习等，将会在数学学习中发挥越来越重要的作用。

概言之，计算机技术为学生提供了对话、模拟、游戏的平台，提供了打开知识大门的钥匙，进行数学探索的实验室，施展数学才能的新天地，使他们能充分发挥自己丰富的想象力和自由创造的思维，在美妙无穷的数学空间中翱翔。

（三）优化数学教学的方式

计算机技术的介入，有可能从根本上改变传统数学教学中那种"黑板加粉笔""样例加练习"等以教师讲授为主的教学方式，这种传统教学方式很难提供真实或模拟真实的数学活动情境，因而，教学活动容易成为一种单向的、静态的、平淡的说教活动。

由于计算机技术具有文本、图形、动画、视频、声音等媒体集成的优势，信息容量大，表现形式活，教师可以利用计算机技术的这些动态形象优势，创设生动活泼、富有启发性的情境。这样的情境能做到图文并茂、动静结合、声情融合、视听并用，使数学教学在兴趣激发、问题提出、概念形成、意义理解、实质把握、语言表达、方法发现、推理论证等方面达到出人意料的良好效果，多角度优化数学教学的方式。例如，教师可以利用现代教育技术的计算功能和数形转换功能，在事先编制的程序中输入参数，如变量、数值、面积、体积、角度、方向等，来组织学生直接进行讨论，引导学生提问和交流，观察图形或数值的变化，分析原因，寻找规律，促进学生养成自己动手、动脑的习惯，同时可以减少重复繁杂的计算过程，起到化繁为简、事半功倍的效果。

总的来看，CAI 支持下的数学教学方式具有以下几个方面的优势：

①揭示知识的形成过程，培养学生的探索发现能力：一些数学概念、规律或公式的得来过程，教师用语言或传统示意图等手段往往不易讲清楚，甚至无法讲清楚，借助计算机和相应的数学软件，可以帮助教师揭示知识的形成过程，加深学生对知识的理解和掌握程度，培养学生的观察发现能力。

②教师可以在更高的层次上发挥教学创造性，更好地实现教学主导作用：计算机辅助数学教学的关键是要创设合适的多媒体活动情境，这对教师提出了更高的要求，同时提出了创造发挥的机遇和挑战。首先，教师不仅要深谙多媒体的技术功能和操作程式，而且要熟练掌握一些常用的数学软件，具有自主设计和创造性使用数学教学软件的能力；其次，教师制作教学课件时，要充分考虑怎样将教学经验、最佳的教学策略和计算机技术有机结合，是发挥教学智慧的创造过程；再次，由于计算机辅助数学教学要求师生的参与性、互动性更强，需要数学教师的职能由"教"向"导"转变，利用多媒体所承载的知识、信息创设贴近实际的教学情境，将会更加强化和突出数学教师的主导作用。

③调动学生的非智力因素，培养学生的情绪智力：数学教师利用多媒体创设情境，能在一定程度上改变传统数学教学中那种平淡机械、单调枯燥的状况，为学生营造一个新的、生动有趣的教学情境。在这种教学情境下，屏幕上生动有趣的画面，增加了教学的直观性，使抽象的概念具体化、复杂的问题简单化，为学生营造了良好氛围，提高了学生学习的主动性和积极性，培养了学生的情绪智力，为学生良好心理品质的形成注入了"催化剂"，从而使得学生能有效利用自己原有认知结构中的相关知识去顺应和同化当前学习的新知识。

二、计算机辅助数学教学的模式

CAI 的基本模式主要体现在利用计算机进行教学活动的交互方式上，在 CAI 的不断发展过程中已经形成了多种相对固定的教学模式，诸如操作与练习、个别指导、探究发现、游戏、咨询与问题求解等模式。随着多媒体网络技术的快速发展，CAI 又出现了一些新型的教学模式，例如，模拟实验教学模式、技术支持的合作学习模式、智能化多媒体网络环境下的远程教学模式等。这些 CAI 教学模式反映在数学教学过程中，可以归结为以下几种主要的形式。

（一）基于 CAI 的情境认知数学教学模式

所谓基于 CAI 的情境认知数学教学模式，是指利用多媒体计算机技术创设包含图形、声音、动画等信息的数学认知情境，使学生通过观察、操作、辨别、解释等活动学习数学概念、命题、原理等基本知识，这样的认知情境旨在激发学生学习的兴趣和主动性，促成学生顺利完成"意义建构"，实现对知识的深层次理解，从形式上来看，基于 CAI 的情境认知数学教学模式主要是教师根据数学教学内容的特点，制作具有一定动态性的课件，设计合适的数学活动情境，因此，通常以教师演示课件为主，以学生操作、猜想、协商讨论等活动为辅展开教学。适于采用此模式的数学教学内容主要是以认知活动为主的陈述性知识，计算机可以发挥其图文并茂、声像结合、动画逼真的优势，使这些知识生动有趣、层次鲜明、重点突出；可以更全面、更方便地揭示新旧知识之间联系的线索，提供"自我协商"和"交际协商"的"人—机对话"环境，有效刺激学生的视觉、听觉、感官处于积极状态，引起学生的有意注意和主动思考，从而优化学生的认知过程，提高学习的效率，这样的教学模式显然不同于通过教师滔滔不绝的"讲解"来学习数学，而是引导学生通过教师的计算机演示或自己的操作来"做数学"，形成对结论的感觉、产生自己的猜想，从而留下更为深刻的印象。

基于 CAI 的情境认知数学教学模式反映在数学课堂上，最直接的方式就是借助计算机使抽象转化为形象、微观成为宏观，实现"数"与"形"的相互转化，以此辨析、理解数学概念、命题等基本知识。数学概念、命题的教学是数学教学的主体内容，怎样分离概念、命题的非本质属性而把握其本质属性，是对之进行深入理解的关键。教学中利用计算机来认识、辨析数学的概念、原理，能有效增进对数学的理解，提高学习数学的效率。

由于基于 CAI 的情境认知数学教学模式操作起来较为简单、方便，且对教学媒体硬件的要求并不算高，条件一般的学校也能够达到，因此，这种教学模式符合我国数学教学的实际情况，是当前计算机辅助数学教学中最常用的教学模式之一，也是数学教师最为青睐的教学模式之一，不过，这种教学模式的不足之处也是明显的，主要表现在：

①技术含量不高。由于这种教学模式基本上仍是采用"提出问题—引出概念—推

导结论—应用举例"的组织形式展开教学，计算机媒体的作用主要是投影、演示，学生接触的计算机有时相当于一种电子读本，技术含量相对较低，不能很好地发挥计算机的技术优势。

②人—机对话的功能发挥欠佳，计算机辅助数学教学的优势应通过"人—机对话"发挥出来，而这种教学模式由于各种主客观条件的限制，还不能让学生独立地参与进来与机器进行面对面的深入对话，人—机对话作用限于最后结论而缺乏知识的发生过程和思维过程，形式比较单调，内容相对简单。

③学生主动参与的数学活动较少，虽然这种教学模式利用计算机技术创设了一定的学习情境，但这种情境是以大班教学为基础的，计算机主要供教师演示、呈现教学材料、设置数学问题，还不能够为学生提供更多的自主参与数学活动的机会。

（二）基于 CAI 的练习指导数学教学模式

基于 CAI 的练习指导数学教学模式，是指借助计算机提供的便利条件，促使学生反复练习，教师适时给予指导，从而达到巩固知识和掌握技能的目的，在这种教学模式中，计算机课件向学生提出一系列问题，要求学生作出回答，教师根据情况给予相应的指导，并由计算机分析解答情况，给予学生及时的强化和反馈。练习的题目一般较多，且包含一定量的变式题，以确保学生基础知识和基本技能的掌握，有时候，练习所需的题目也可由计算机程序按一定的算法自动生成。

这种教学模式也主要有两种操作形式：一种是在配有多媒体条件的通常的教室里，主要由教师集中呈现练习题，并对学生进行有针对性的指导；另一种是在网络教室里，学生人手一台机器，教师通过教师机指导和控制学生的练习。前者比较常见，因为它对硬件的要求不太高，操作起来也较为方便，但利用计算机技术的层次相对较低，教师的指导只能是部分的，学生解答情况的分析和展示也只能暴露少数学生的学习情况，代表性不强；后者对硬件的条件要求较高，但练习和指导的效率都很高，是将来计算机辅助数学教学的一种发展趋势，因为，在网络教室中，教师可以根据需要调阅任何一个学生的学习情况，及时发现他们的进度、难处，随时进行矫正、调整，好的方法、典型的问题、典型的错误可以展示在大屏幕或黑板上，或者指示其他同学调阅学习伙伴的学习情况；同学之间还可以利用网络进行讨论，互通有无，资源共享。总之，网络教室内的练习指导教学模式，人–机对话的功能发挥较好，个别化指导水平较高，使能力差的学生可以得到更多的关心，能力强的学生得到更好的发展，能够较大幅度提高数学教学的效率。

（三）基于 CAI 的问题探究数学教学模式

基于 CAI 的问题探究数学教学模式，是指利用计算机软件将要学习的数学内容构造成一定的问题或问题情境，由学生独立或合作探究，在思考、解决问题的过程中获取知识和发展能力，这种教学模式不仅适用于一般数学概念、命题、原理的学习，而且适用于数学法则、思想方法、建模应用等方面的学习。由于该教学模式对学生各方面能力的要求较高，但不管哪些知识的学习，都需要留给学生较宽松的探究活动余地和"数学发现"的机会。所以，该模式所涉及的师生活动的组织结构大致反映出来。

就目前计算机辅助数学教学的环境条件而言，这种教学模式的应用大致有两类：其一，计算机提供问题（必要时可提供求解这类问题的程序），由学生探究问题的解决办法，并从解决问题的探究过程中归纳、概括一般原理，从而获得所要学习的知识；其二，计算机呈现问题情境，由学生根据问题情境所涉及的背景材料确定问题、提出假设和建立解决问题的程序，然后将有关的数据资料、操作程序输入计算机执行，通过学生的自主探究，验证假设，得出结论。

在数学学习的过程中，经常会遇到一些不容易解决的问题，尤其是需要抽象、概括建立数学模型的问题，或需要复杂运算的问题，或涉及图形动态变换的问题等。计算机技术的应用可以使这些问题更生动、更具有吸引力，也拓宽了问题探究的路径。

（四）基于 CAI 的数学实验教学模式

基于 CAI 的数学实验教学模式是利用计算机系统作为实验工具，以数学规则、理论为实验原理，以数学素材作为实验对象，以简单的对话方式或复杂的程序操作作为实验形式，以数值计算、符号演算、图形变换等作为实验内容，以实例分析、模拟仿真、归纳总结等为主要实验方法，以辅助学数学、辅助用数学或辅助做数学为实验目的，以实验报告为最终形式的上机实际操作活动，学生在做数学实验的过程中，通过个人独立探索、小组合作研究或者组织全班学生讨论，主动参与发现、探究、解决问题等活动，从中获得数学研究的过程体验和情感体验，产生成就感，进而开发创新潜能。

基于 CAI 的数学实验教学模式的基本思路：学生在教师的指导下，从数学实际活动情境出发，设计研究步骤，在计算机上进行探索性实验，提出猜想、发现规律、进行证明或验证。根据这一思路，具体教学时一般涉及以下五个基本环节：

创设活动情境→活动与实验→讨论与交流→归纳与猜想→验证与数学化

（五）基于 CAI 的数学通信辅导教学模式

基于 CAI 的数学通信辅导教学模式是指在多媒体网络环境下教师将与数学教学内容有关的材料以电子文本的形式传输给学生，再现课堂教学中的信息资料和数学活动情境，使学生得到进一步的数学辅导，从而将数学教学由课内走向课外、由学校延伸至家庭。

事实上，由于各种主客观条件的限制，课堂里的数学教学尚有较大的局限性，无论是知识的掌握还是能力的发展，学生都需要得到进一步的辅导，凡是有课堂听讲经历的都会有这样一种感受：如果在课堂上及时思考教师提出的问题或参与讨论、合作活动，可能就没有充分的时间"记好课堂笔记"，记笔记妨碍参与数学活动，参与数学活动又可能无法在课后完整再现课堂教学的内容，取得反复学习的效果，利用计算机技术便于解决这个问题：上课时学生可以不必花大部分精力记笔记，而是用在独立思考与合作交流等数学活动中。课后，学生只需要将教学内容的电子资料拷贝下来，根据自己的需要再现课堂教学的任意内容，反复琢磨，达到复习巩固的目的，或者，在网络状态下，学生在自己家里登录教师的网站，向教师寻求资料、提出问题、求得解答，这样，课后的辅导变得随时随地，学生还可以针对自己的情况选择不同层次的学习内容，教师则可以针对学生的实际水平，实现以个别化辅导为主的分层教学，而且，教师还可以发挥计算机的即时反馈功能，对学生的作业随时予以指导和评价，有效克服了传统数学教学中"回避式作业批改"的反馈滞后性、缺乏指导性等缺陷，此外，计算机还有很强的评价功能，经过一段时间的学习，或者几道题、一个单元、一个章节，计算机就可作出评价（评分），使学生了解学习的效果。典型的、反复出现的错误，计算机还可以有针对性加以强化，使薄弱环节得到反复学习。

就当前数学教学的环境条件而言，实施基于 CAI 的数学通信辅导教学模式主要还是教师制作课件和电子辅导资料供学生拷贝使用，或向学生介绍相关的数学学习网站登录自学。随着网络技术的高速发展，教师应当建立一个适合自己所教学生的个人数学教学辅导网站，将数学辅导材料传到网上，随时供学生调阅、探讨，当然，这种网络辅导方式不仅对教师的精力和能力是一种考验，而且需要有学生家庭经济状况的支持，一些有条件的学校的教师，已经做了一些探索和尝试，在自己建立的个人网站上设立丰富多彩的活动板块，有效调动了学生参与的积极性，例如，有的教师在自己的个人网站上设立"知识经脉"，帮助学生梳理所学的数学知识；形成知识结构网络；设立"课堂重温"，每次课后都上传本节课的内容，便于学生及时弥补当天未掌握的知识，同时便于学生回顾所学知识；设立"课外辅导"，提供同步练习、自我测试、点击高考、竞赛辅导等供学生酌情选择；设立"教学反馈"，公布每次作业和考试情况，收集一些典型错误，即使在期末复习时亦可查看；设立"成果展示"，表彰进步的学生，展示他们的小创作、小论文等；还有学习论坛等，网站不仅激发了学生的学习兴趣，拓宽了他们获取数学知识的渠道，而且提高了他们搜索、获取并交流信息的能力。

三、数学 CAI 课件设计与开发利用

在课堂教学中，要充分发挥计算机的辅助功能，必须依靠合适、优质的课件，即为完成一定的教学任务而设计的多媒体软件。

（一）数学 CAI 课件概述

数学 CAI 课件，即针对具体数学教学内容的特点和教学目标，结合所使用的多媒体系统的特性，采用计算机语言、写作系统或数学软件所产生的教学软件包，它是具有明确教学目的的，反映教材内容、教材结构和相应的教学策略的程序系统，一份完整的数学 CAI 课件应是数学教学内容与数学教学处理策略两大类信息的有机结合，具

体包括以下几个方面的内容：①向学习者提示的各种数学教学信息；②适用于对数学教学过程进行诊断、评价、调节的各种信息和信息处理机制；③适用于提高学生主动参与数学探究活动的积极性，强化学习刺激的学习评价信息；④适用于更新数学学习数据、实现数学学习过程控制的教学策略。

根据现有数学 CAI 课件的特点和适用范围，可以大致将其分为三大类：①适用于课堂教学中的辅助演示型课件；②适用于数学问题探究、数学实验教学的活动方案型课件；③适用于个别学习或网络通信指导学习的系列引导型课件。辅助演示型课件主要适用于基于 CAI 的情境认知数学教学模式，旨在为突出教学重点、克服教学难点而设计开发。一般是教师在课堂上讲授新知识的同时，用多媒体计算机系统演示与新知识相关的背景材料或关键信息或动态图形等，把抽象的内容形象化、隐性的内容显性化，以增强学生数学学习过程中的感知力和理解力。

许多知识的教学都可以制作类似的动画课件，例如，平面解析几何中圆锥曲线的形状与参数的关系，立体几何中几何体的生成，概率统计中数据的统计、分布情况等。这些动态演示有助于解决教学中的疑难问题，又增强了数学 CAI 教学的感染力。

活动方案型课件主要适用于基于 CAI 的问题探究数学教学模式和数学实验教学模式，旨在引导学生进行问题探究或者展开数学实验，借助一些数学软件而设计开发的一系列数学活动方案。具体使用时，其一般也有两种形式：一是在通常的数学课堂教学环境下（教室里仅有一套多媒体计算机教学系统），教师利用计算机提供活动方案型课件及相关说明或提示，学生思考、探究或提出实验思路，并将典型结论展示出来，以便进一步研讨或继续下一项活动；二是在专门的微机室里，学生人手一台电脑或小组共用一台电脑，根据教学实验课件拟定的任务进行有针对性的探究实验活动。

系列引导型课件是将某学段的数学学习内容按章、节组织成系统、详细的学习指导方案，内容较之前两种课件都要丰富、完整，并设置了诊断、评价、反馈和引导等学习板块，整个课件相当于一本电子学习辅导教材，以操作与练习、对话、游戏、辅导测试、系列讲座等形式存在，适用于学生进行个别化学习或网络通信指导学习。就目前投入使用的数学教学系统引导型课件来看，大部分是一些大型公司作为教育商品开发的学习软件包，以只读式光盘形式存储或传输于某些教育网站，一般开发难度大、周期长、成本费用高，但由于与学校教学的疏离，其往往使用率并不高；少部分是各个学校自己针对本校数学教学的特点开发研制的课件，不过这要求一定的技术能力，大多数学校还不能胜任这方面的工作。

总的来看，目前使用的数学多媒体课件还存在一些明显的缺陷，如数量少、习题集或练习册化、互动性差、趣味性低、形式单调等。数学学科自身的特点，特别是抽象性和符号形式化等，给数学教学课件的制作带来了一定困难，但根本的原因在于使用与开发链条的不合拍，需要大力加强相关环节的研究力度。

（二）数学 CAI 课件的设计与制作

1. 数学 CAI 课件的设计与制作原则

数学 CAI 课件旨在利用多媒体技术对数学教学内容进行综合处理，借助文本、声音、场景、动画等因素的综合作用控制教学过程，因此，课件设计与制作中不仅应考虑技术因素，还应突出数学特性，遵循如下基本原则。

（1）科学性与实用性相结合原则

科学性是数学 CAI 课件设计的基础，就是要使课件规范、准确、合理，主要体现在内容正确，逻辑清晰，符合数学课程标准的要求；问题表述准确，引用资料规范；情境布置合理，动态演示逼真，不矫揉造作、哗众取宠；素材选取、名词术语、操作示范等应符合有关规定。

课件设计的实用性就是要充分考虑到教师、学生和数学教材的实际情况，使课件具有较强的可操作性、可利用性和实效性，主要体现在性能具有通识性，大众化，不要求过于专门的技术支撑；使用时方便、快捷、灵活、可靠，便于教师和学生操作、控制；容错、纠错能力强，允许评判和修正；兼容性好，便于信息的演示、传输和处理。

数学 CAI 课件的设计应遵循科学性和实用性相结合原则，既要使课件技术优良、内容准确、思想性强，又要使课件朴素、实用，遵循数学教学活动的基本规律和基本原则。一款优秀的数学 CAI 课件应该做到界面清晰、动静相宜、文字醒目、音量适当，整个课件的进程快慢适度，内容难度适中，符合学生的认知规律等。

（2）具体与抽象相结合原则

数学的学习重点在于概念、定理、法则、公式等知识的理解和应用，而这些知识往往又具有高度的概括性和抽象性，这也正是学生感到数学难学的原因之一。适当淡化数学抽象性，将抽象与具体相结合是解决困难的有效办法，设计数学 CAI 课件时，应根据需要将数学中抽象的内容利用计算机技术通过引例、模型、直观演示等具体的方式转化为学生易于理解的形式，以获得最佳的教学效果，例如，利用几何画板软件能完成各种初等函数及其复合函数计算，并能将这些抽象的函数式绘制成具体的、形象的图形，学生借助形象的图形变化以及变化前后的关系探求函数的性质，有助于加深对其理解的程度，以二次函数为例，如果单凭想象或画出静态的图像来认识"二次函数系数的变化与图像几何变换之间的密切关系"，学生留下的印象就不会深刻，而如果将二次函数系数的变化与图像几何变换之间的密切关系通过课件直观、动态地演示出来，学生切实地感受到图像随系数的大小变化而左右平移、上下平移、开口上下变换的动态情境，既能提高学习的兴趣，又能轻松获得深层次理解，因此，具体的图形能帮助学生轻松地理解抽象函数式中每个参数的含义。

（3）数学性与艺术性相结合原则

数学 CAI 课件的设计应有一定的艺术性追求，优质的课件应是内容与美的形式的统一，展示的图像应尽量做到结构对称、色彩柔和、搭配合理，能给师生带来美的感受。但是，数学 CAI 课件不能一味追求课件的艺术性，更要注重数学性，应使数学性和艺术性和谐统一。数学教学的图形动画不同于卡通片，其重点并不在于对界面、光效、色效、声效等的渲染，而是要尊重数学内容的严谨性和准确性，即数学性，就图形的变换而言，无论是旋转还是平移，无论是中心投影还是平行投影，画面上的每一点都是计算机准确地计算出来的，例如，空间不同位置的两个全等三角形，由于所在的平面不同，图形自然有所不同；空间的两条垂线反映在平面，当然也不一定垂直，这些图形在平时的学习中，只能象征性画一下，谈不上准确。而在数学 CAI 课件中，所有图形的位置变换都是准确测算的结果，看起来反而会有些走样。为了使学生看到不走样的图形效果而对其进行艺术加工，必须以不失去数学的严谨性、准确性为前提。此外，无论是数学的概念、定理、法则的表述，还是解题过程的展示，都要力求简洁、精练，符合数学语言和符号的使用习惯，做到数学学科特性和艺术性的融合统一。

（4）归纳实验与演绎思维相结合原则

在设计数学 CAI 课件时，应遵循数学的归纳实验与演绎思维相结合原则。计算机辅助数学教学最明显的优势在于为学生创设真实或模拟真实的数学实验活动情境，将抽象的、静态的数学知识形象化、动态化，使学生通过"做数学"来学习数学；通过观察、实验来获得感性认识；通过探索性实验归纳总结，发现规律、提出猜想。但是，设计 CAI 课件时，又必须注意不能使数学的探索实验活动限于浅层次的操作、游戏层面，而要上升到深层次的思维探究层面。也就是说，教师要把以归纳为特征的数学实验活动引导到以演绎为特征的数学思维活动，将两者内在融合在一起，才能真正体现出计算机辅助数学教学的优越性。

（5）数值与图形相结合原则

数值与图形相结合是研究数学问题的重要思想方法，而很多 CAI 课件制作平台不仅具备强大的数值测量与计算功能，而且都有很好的绘图功能，一方面，给出数和式子，其就能构造出与其相符的图形；另一方面，给出图形，其就能计算出与图形相关的量值。

数学 CAI 课件的设计与制作应充分发挥计算机数值与图形结合的强大功能，通过展示测得的数值和图形的内在联系及其相互转化，用数值和图形两种方式的结合来解释和说明问题，这也正体现了数形结合的思想方法。

（三）数学 CAI 课件的制作

数学 CAI 课件的制作过程，就是课件的设计者把自己对于数学教学的想法，包括教学目的、内容、实现教学活动的教学策略、教学顺序、控制方法等，用计算机程序描述，并输入计算机，经过调试使其成为可以运行的程序，有效的课件制作方法是将教学设计和软件工程结合起来，以教学设计的方法对课件的教学内容、教学过程及其控制进行设计。这是课件制作的核心。在课件开发的组织和技术方法上，则应遵循软件工程的方法。

1. 数学 CAI 课件制作的软件工具介绍

就目前来看，多媒体课件制作的软件工具多种多样，既可以使用具有很强多媒体编辑功能的高级语言，如 Visual Basic、Pascal 等，也可以使用专门的多媒体课件创作软件，如 Authorware、方正奥思等，前者要求创作的主要执行者必须是计算机专业人员，并需要有创意人员进行创作指导（或提供很详细的创作意图说明）。也就是说，这种方法制作 CAI 课件时要求参加制作人员的数量较多，但这种方法的好处是创意人员的一些巧妙构思在这种方法下变成现实是较为容易的事，后者则不需要创作者有较深的计算机专业知识（尤其是编程方面的知识），使用起来简单方便，创作速度快捷，适用于制作不太复杂的 CAI 课件，但这类软件的缺点是创作者只能在规定的范围内进行创意，从而使创作者的一些新颖设计难以实现。

从当前中学数学计算机辅助教学的实际情况来看，所使用的课件还多以教师个人或学校范围内的教师群体研究开发为主，因而，软件技术的使用主要是一些大众化、易操作、针对性强的常用软件，具体来说，以 Powerpoint、Authorware、几何画板等软件工具为主。

Powerpoint 作为一种以文本演示为主的软件工具，易于制作和操作使用，已成为数学教师教案编写的常用工具，但由于其处理动态图形、数据图表分析等方面的功能不足，不能胜任数学探索、数学实验课件的制作，也就不能很好地突出数学学习的一些基本特性。

Authorware 作为专门的多媒体课件编写系统，融合了计算机高级语言和编辑系统的特点，已经发展到 Authorware 6.0。它以图标为基础，以流程图为结构环境，再加上丰富的函数和程序控制功能，能够很好地处理文字、图形、声音、动画等效果，直观形象地体现教学思想，即使不懂程序设计的人员也能开发出优质的数学 CAI 课件。不过，也许由于这种软件是一种综合型的 CAI 课件编写系统，处理数学教学中的一些问题针对性还不够强，因而它在数学 CAI 中的使用率还不高。

几何画板是数学 CAI 课件制作的专门工具，也是当前中学数学 CAI 中使用率最高的软件之一，几何画板可用在平面几何、立体几何、解析几何、函数变换、方程求解等多方面内容的学习中。它的基本功能特点主要体现在以下几个方面：第一，具有准确全面的绘图功能，并能动态地保持给定的几何关系，这为"在变化的图形中，发现恒定不变的几何规律"提供了可能；第二，提供了旋转、平移、缩放、反射等几何变换功能；第三，具有度量和计算功能；第四，提供了坐标系功能（包括直角坐标系和极坐标系），与其他功能相配合可以绘制多种函数图像；第五，可以制作动画和移动，能够研究与动态变换相关的问题，此外，几何画板符合 Windows 应用程序的一致风格：可以为文字选择字号、字体等，可以为图形添加颜色，可以使用 Windows 的剪贴板功能等，总之，利用几何画板软件可以制作出功能齐备、兼容性好、操作使用方便的数学 CAI 课件。

2. 数学 CAI 课件制作的步骤

数学 CAI 课件的设计与制作一般要经由以下步骤：选择课件主题，对课件主题进行教学设计，课件系统设计，编写课件稿本，课件的诊断测试等。

（1）选择课件主题

课件的选题非常重要，并不是所有的数学教学内容都适合或有必要作为多媒体技术表现的材料，一般来说，选题时应注意以下几个方面：①性价比，制作课件时应考虑效益，即投入与产出的比，对于那些只需使用常规教学方法就能很好实现的教学目标，或者使用多媒体技术也并不能体现优越性的教学素材，则没有必要投入大量的精力、物力制作流于形式的 CAI 课件；②内容与形式的统一，课件的最大特点是它的教学性，即对数学课堂教学起到化难为易、化繁为简、化抽象为具体、变苦学为乐学等作用，避免出现牵强附会、画蛇添足、华而不实的应付性课件，课题的内容选取时应做到：选取那些常规方法无法演示或难以演示的主题；选取那些不借助多媒体技术手段难以解决的问题；选取那些能够借助多媒体技术创设良好的数学实验环境、交互环境、资源环境的内容；③技术特点突出，选择的课件主题应能较好地体现多媒体计算机的技术特点，避免把课件变成单纯的"黑板搬家"或"教材翻版"式的电子读物，使数学教学陷入由"人灌"演变成"机灌"的困境。

（2）对课件主题进行教学设计

在数学 CAI 课件的制作过程中，教学设计也是一个重要的环节，主要包括教学目标的确定、教学任务的分析、学生特征的分析、多媒体信息的选择、教学内容知识结构的建立以及形成性练习的设计。

（3）课件系统设计

课件系统设计是制作数学 CAI 课件的主体工作，直接决定了课件的质量，具体包括以下几个环节：

①课件结构设计：数学 CAI 课件的结构是数学教学各部分内容的相互关系及其呈现的基本方式。设计课件的结构首先要把课件的内容列举出来，合理地设计课件的栏目和板块，然后根据内容绘制课件结构图，以便清楚地描述出页面内容之间的关系。

②导航策略设计：导航策略是为了避免学生在数学信息网络中迷失方向，为其系统提供引导措施以提高数学教学效率的一种策略，导航策略涉及以下几个方面：检索导航——方便用户找到所需的信息；帮助导航——当学习者遇到困难时，借助帮助菜单克服困难；线索导航——系统把学习者的学习路径（访问的链接点）记录下来，方便学习者自由往返；导航图导航——以框图的方式表示出超文本网络的结构图，图中显示出信息之间的链接点。

③交互设计：交互性是数学 CAI 课件的突出特点，也是课件制作需要重点关注的问题，一般可设计成以下几种类型的交互方式：问答型——通过人机对话的方式进行交互（如常见的对话框），计算机根据用户的操作做出问题提示，用户根据提示确定下一步的操作；菜单型——菜单可以把计算机的控制分成若干类型，供用户根据需要选

择；图标型——图标可以用简洁、明快的图形符号模拟一些抽象的数学内容，使交互变得形象直观；表格型——以清晰、明细的表格反映数值信息的变化。

④界面设计：课件的操作界面反映了课件制作的技术水平，直接影响课件的使用效果。界面设计时应该在屏幕信息的布局与呈现、颜色与光线的运用等方面加以注意：

首先，屏幕信息的布局应符合学习对象的视觉习惯，一般来说，标题位于屏幕上中部；屏幕标志符号、时间分列于左右上角对称位置；屏幕主题占屏幕大部分区域，通常以中部为中心展开；功能键区、按钮区等放在屏幕底部；菜单条放在屏幕顶部。

其次，屏幕上显示的信息应当突出数学教学内容的重点、难点及关键，信息量过大会分散学生的注意力；信息的呈现可适当活泼，比如，采用不同字体和不同风格修饰文字。

最后，颜色与光线的运用，应注意颜色数量的种类要恰当，光线要适中，避免色彩过多过杂，光线太过耀眼或暗淡；注意色彩及光线的敏感性和可分辨性，对不同层次和特点的数学内容应有所对比和区分。

一般来说，画面中的活动对象及视角的中央区域或前景应鲜艳、明快一些，非活动对象及屏幕的周围区域或背景则应暗淡一些；注意颜色与光线的含义和使用对象的不同文化背景及认知水平，如果使用对象为小学生，课件屏幕可鲜艳、活泼一些，而使用对象为中学生特别是高中生，课件屏幕风格则应以高雅恬淡、简洁稳重为主。

（4）编写课件稿本

课件稿本是数学教学内容的文字描述，也是数学 CAI 课件制作的蓝本，稿本可分为文字稿本和制作稿本，文字稿本是按数学教学的思路和要求，对数学教学内容进行描述的一种形式，制作稿本是文字稿本编写制作时的稿本，相当于编写计算机程序时的脚本。

（5）课件的诊断测试

制作完成的数学课件要在使用前和使用后进行全面的诊断测试，以便进行相应的调整、修正，进一步提高课件的制作质量，诊断测试是根据课件设计的技术要求和设计目标来进行的，具体包括功能诊断测试和效果诊断测试。功能诊断测试包括课件的各项技术功能，如对教学信息的呈现功能、对教学过程的控制功能等。效果诊断测试是指课件的总体教学效果和教学目标完成的情况。以下是对数学 CAI 课件的诊断测试评价标准：

①内容：课件中显示的文字、符号、公式、图表以及概念、规律的表述是否正确，呈现的数学知识及思想方法是否准确，对学生来说难度是否适当，问题的设置是否考虑了学生的最近发展区，是否具有教育价值等。

②教学质量：数学教学过程的展开逻辑上是否合理，信息的组织搭配是否有效，多媒体运用是否适当，课件能否有效地激发学生的兴趣和创造力，问题情境的创设是否具有启发性和引导性，对学生的回答是否能有效地加以反馈等。

③技术质量：操作界面设置的菜单、按钮和图标是否便于师生操作，各部分内容

之间的转移控制设置是否有效，画面是否符合学生的视觉心理，课件能否充分发挥计算机效能，补充材料是否便于理解等。

　　课件的开发是一个循环的过程，只有对课件的各个方面不断总结、不断改进，才能制作出真正优质的课件。

　　此外，数学 CAI 课件的制作形式可以不拘一格，应根据数学教学的具体内容特点灵活确定并选择，例如，从课件容量的大小范围来说，小的课件可能只是一个知识点或一种数学方法的介绍与解释，只需要播放或展示几分钟；而大的课件可能涉及一个单元的知识甚至整本教材，需要较长时间的学习。

　　上述的几个环节只是大致说明了数学 CAI 课件制作的框架。实际上，一个数学 CAI 课件的制作是动态过程，在这一过程中，还会涉及许多不确定的因素，需要根据当场的现实情境具体问题具体分析，例如，对于同样的教学内容，若使用不同的课件制作软件，就会产生不同的界面效果。

第 六 章

数学教学评价

第一节　基于多元智能理论的数学教学评价

一、多元智能理论概述

（一）多元智能理论的产生及内涵

所谓智能，就是人类在解决难题与创造产品过程中所表现出来的，又为一种或数种文化环境所珍视的那种能力。著名教育心理学家加德纳的多元智能理论是针对传统智能一元化理论提出的。他认为，智力是在某种社会和文化环境的价值标准下，个体以解决自己遇到真正难题或生产及创造有效产品所需要的能力。针对传统智能一元化理论，加德纳提出了他的全新的观念——多元智能理论。加德纳认为，智力是在某种社会和文化环境的价值标准下，个体解决自己遇到的真正难题或生产及创造有效产品所需要的能力。判断一个人的智力，要看这个人解决问题的能力，以及创造力。他还强调智力并非像我们以往认为的那样是以语言能力和数学逻辑能力为核心、以整合方式存在的一种智力，而是彼此独立、以多元方式存在的一组智力。

（二）多元智能理论的基本要素

加德纳的智能观对于智能的社会文化性、实践性、可见性、可发展性以及创造能力是非常重视的，并以此为基础建立起一个比之前的智力一元论以及智力二元论更宽泛的智能体系，且在不断完善。此智能体系中所包含的智能都是全人类能够使用的学习、解决问题和创造的工具。

在他的多元智能体系的框架中，人的智能至少包括以下内容。

1. 语言智能

指人对语言的掌握和灵活运用的能力，表现为个人能顺利而有效地利用语言描述事件、表达思想并与他人交流。数学中的语言智能包括数学概念、定理、符号、数学用语、教具、学具等等，都是发展学生语言智能的基本素材。比如，数字、等式、方程、函数、大于、小于、不大于、不小于、性质符号、运算符号、勾股定理、三垂线定理、三角板、量角器、圆规、坐标纸，等等。数学学科中的语言智能的开发目标应体现在：理解各术语的含义；准确、恰当应用其为各种智能的有效发展服务。在教学中，我们要在学生已有的认识的基础上对其进行有效引导，由浅入深。数学教学离不开语言智能，如数学应用题。数学应用题基本上是对社会实际问题经过一定加工并省略一些复杂因素，但也保留一些干扰因素而编写的，其一般文字繁多，叙述冗长，文字语言、符号语言、图形语言互相交织。应用题得分较低的原因是考生缺少对题意的理解，解决这一问题的关键是加强对语言－语言智能的培养。教师仅仅依靠数学课堂教学难以达到理想的效果，要创设丰富的语言环境，丰富学生的词汇积累，发挥其他学科课堂教学的优势进行阅读和语言表达。

2. 数学逻辑智能

数学逻辑智能是数学和逻辑推理的能力及科学分析的能力。这种智能主要是指运算和推理的能力，表现为对事物间各种关系，如类比、对比、因果和逻辑等关系的敏感，以及通过数理进行运算和逻辑推理等。数学是培养学生逻辑智能的优势学科，逻辑智能的核心就是思维能力。教师在教学中要根据学生的现有认识水平，挖掘教材的教育内涵，采用多元化的教学手段，培养学生的思维能力和创新精神。数学智能推动了人类历史的进程，历来受到人们的重视，数学教学对于培养学生的数学逻辑智能有着其他学科无法比拟的优势。通过教学，培养学生的计算能力、逻辑推理能力、发现问题和解决问题的能力等，这些都是数学逻辑智能的构成要素。问题是我们过去把数学逻辑智能看得过于重要，忽视了其他智能的作用。如强调计算能力的培养，使学生陷入烦琐的计算中。鉴于计算工具和电脑的长足进展，学生已没有必要进行笔算和心算，计算器完全可以担当此任。数据收集、整理和分析等与我们的生活息息相关的概率与统计知识，应成为学生学习的重点。对数据的收集、整理和分析活动将调动学生智能的参与。

3. 空间智能

指在脑中形成一个外部空间世界的模式并能够运用和操作这一模式的能力，其表现为个人对线条、形状、色彩和空间关系的敏感，以及通过图形将它们表达出来的能力。数学学科中的空间智能包括数学中的平面几何、立体几何、解析几何、视图及教学实践活动等，它们都是极有利于发展学生视觉空间智能的活动。发展学生的视觉空间智能要不断创设和变换，这不仅有利于他们正确理解数学知识，而且有利于提高学生分析和解决问题的能力。空间智能是人们认识世界、感知世界的一种能力，它集中了其他相关技能。这些技能包括视觉辨别、再认知、心理图像、空间理解、复制内外心像等，每个人都可能拥有或表现出上述技能的部分或全部。数学教学中，视觉辨别能力强的学生能够良好地反映电影、电视、海报、图片等色彩化的材料，可以通过独特的视野工具，突破传统框架，表达他们对空间图形和平面图形的独特见解，并得出精辟的结论。

4. 运动智能

指运用整个身体或身体的一部分解决问题或制造产品的能力，表现为用身体表达思想、情感的能力。模仿，是学生学习活动中的基本形式之一，也是身体运动智能的一种具体体现。学生可能模仿教师、家长或同学，模仿字如何写、图如何画、格式如何排，模仿动作、习惯或形态等，因此，教师板书要规范、字迹要端正、语言要准确、行为要得体。

5. 音乐智能

指个人感受、辨别、记忆、表达音乐的能力，表现为个人对节奏、音调、音色和旋律的敏感，以及通过作曲、演奏、歌唱等形式来表达思想或情感。数学学科似乎与音乐智能难以挂钩，其实不然。音乐智能的核心是对声音、节奏的敏感力。在课堂中，教师上课的语气、语调、节奏快慢无不刺激着学生的感觉神经。在实践活动中，教师有时还需对噪声测分贝、对声源测距离、对旋律测节拍等。噪声曲线是杂乱无章的，优美旋律的曲线是连续光滑的，因此，背诵乘法口诀要有音乐节奏；叙述定义、定理需要抑扬顿挫；归纳知识编成口诀，以便记忆；学概率时的抛硬币试验声，多媒体教学的配音、配乐等，给学生强烈的听觉刺激，使人愉悦难以忘怀，其中声音、节奏的贡献很大。因此，重视数学学科的听觉音乐智能的开发和利用，也是教育的人文关怀的一种重要体现。

6. 人际关系智能

指能够有效理解别人和与别人交往的能力，表现为觉察、体验他人情绪、情感和意图并作出适当反应。数学学科中的人际关系智能指的是能够有效理解他人和与人交往的能力，表现在"合作与互助、交往与共享"，能善于听取他人的意见或观点。在数学教学活动中，这种能力是必不可少的，当前开展的"指导自主"学习活动，就是培养学生这种能力的最好形式之一。教师在这种学习活动中既是组织者又是参与者，既是评判者又是引导者；学生在小组或同伴互助学习中，同样充当着教师的上述角色，充分体现了教学活动中的角色多样性和灵活性，极大地活跃了教与学的氛围。让学生多经历这样的学习活动，久而久之，一能改善人际关系，二能培养学生的人际交往能力，为其走向社会打下良好的交往能力基础。教师除利用课堂外，还应利用社会实践课和研究性学习课让学生锻炼，让他们体会人际交流的重要性和交往技巧，感受人际交往的可行性和共享的愉悦性。

7. 自我认识智能

指认识、洞察和反省自身的能力，表现为能够正确认识和评价自身，并在此基础上有意识地调整自己适应生活的能力。自我认识是构建自我知觉的一种能力，体现在留心、反思、批判性思维与重建。数学知识的积累实际上就是自我否定、自我构建的思维过程。教师要帮助学生认识自己在知识理解和技能掌握方面存在的误区，并激励他们改进和创新；指导学生对所学知识举一反三，触类旁通；激活学生构建知识体系的生长点和衔接点；养成学生独立思考的良好习惯和锐意进取的优良品质。

8. 自然观察者智能

指辨别生物，以及对自然界的其他特征敏感的能力，表现为对物体进行辨认和分类，并能洞察自然或人造系统的能力。数学源于生活又用于生活；自然就是世界；观察就是用理性的目光，在千变万化、千姿百态的事物中去发现规律性的东西。学习者对研究对象表征和特点的观察是最直接、最可贵的感性认识，是形成数学概念、掌握数学技能、进行科学推理、发展思维能力的源泉。比如：观察两圆的位置关系，发现了圆心距与两圆半径代数和的数量关系规律；观察圆锥曲线形状，发现了离心率的变化规律；观察"狗抢骨头"，发现了"两点之间直线段最短"规律；观察若干人分别以大小不等水桶从一水龙头接水，发现了从小到大等候总用时最省规律，等等，因此，教师要善于创设教学情境，变枯燥的记忆学习、模仿学习为生动的生活学习，让学生切实体会到正在学有用的数学，数学是有用的。

9. 存在智能

指的是寻找生命的重要性、死亡的意义、身体和心理世界的最终命运，以及沉浸在艺术领域内的种种深奥经验中给自己定位的能力等。

二、多元智能理论指导数学教学评价的可行性

（一）多元智能对评价的指导

九项智能是每个人同时拥有的，但是在每个人身上可能这九项智能是以不同的方式、不同的程度组合存在的，每个人的智力各具特色是因为这九项智能的存在及其不同的搭配。九项全能的人是存在的，某几项或某一项智能突出但其他智能有所缺乏的人也是存在的，某几项智能优异、某几项智能稍差、某几项智能更次之，这样的人占多数。基于此，世界上并不存在哪些人聪明，哪些人笨，以及有些人是天才，有些人是蠢材的问题，而是存在着有些人哪一方面突出，以及这些才能怎样展示的问题。

加德纳指出多元智能评价的特色如下。

①重视评价而不是测验：评价是获得个人技能和潜能资讯的工具，它是在正常表现过程中获得资讯的技术。

②评价的发生应该是简单而且自然的：在教学中很重要的一环就是评价，评价应该成为自然学习情境的一部分，而不是教师为了评价而附加的，评价应该时时刻刻存在，"为评价而教学"是不应该的。

③具有生态效度：当评价是在平常的学习状况下或者和平时的学习状况相似的状态下进行时，对学生的最终表现就能做出较好预测。

④设计智能公平的工具：利用智能公平工具直接观察操作中的智慧，而不必透过某一种或者两种智能来评价学生。

⑤使用多元化的评价工具对学生学习中的各种形态进行评价。

⑥考虑个别学生的差异性、发展阶段及其脑中数学知识形成的多样化。

⑦为了学生的利益而实施评分：评分应该用来帮助学生发现自己学习中的不足之处，发现教师在引导学生学习时的问题所在，而不是用比高低、排名次的方法，因此教师、家长有义务提供对学生有益的反馈。

（二）多元智能促进学生的智能发展

加德纳的多元智能关键的一点是大多数人的各项智能都可能发展到很高的水平，可能有人认为自己天生不具备某项智能。加德纳指出，如果给予适当的鼓励、培养和指导，事实上，每个人都有能力使几项智能达到相当高的水平。评价学生的目的是促进学生智能的发展，还是进行鉴别、选拔，答案不言而喻。传统评价观受泰勒行为目标评价模式的影响，以预定教育目标为中心来设计、组织和实施评价（通常学校有期中、期末考试，有单元测试，甚至有月考），其常常使用成绩、排名来判断学生的优劣，其目的就是对学生进行鉴别和选拔。通过学生评价，挑选出来的"好孩子"可以进一步学习，而对"差"生，则认为其基础较差、基本功薄弱，进而剥夺其更上一层楼的权利。多元智能理论认为，评价学生的目的在于使得学生在智能上有所发展，评估的责任应该是使学生认识自己智能的优劣，为学生的后续学习提供有益的反馈，进而采取有针对性的学习方式，发展自己的优势智能，同时要弥补自己的劣势智能。由于在解决特定问题时各种智能都起一定的作用，是靠整体智能水平完成的，因此，评价目的不仅要促进学生各种智能的全方面发展，更要促进学生各种智能组合的水平的整体提高。

教师应该根据不同学生的不同特点来改善教学方法，在课上也要注意学生多种智能的体现。只要教师根据每项智能不断变换教学方法，抓住学生各种智能的表现，学生就可以在一堂数学课中的某个时刻有机会利用他最发达的智能学到知识。阿姆斯特朗根据七项智能提供了 35 种教学方法，例如，语言智能教学法，通过讲故事、出主意、录音、写日记、出版学生作品等。逻辑－数学教学法，通过计算、分类、分等、问答、启发，号召学生在学校的任何活动中都广泛运用逻辑－数学思维方式，学生了解数字不仅仅限于数学课，而是包括我们整个生活。空间思维教学法，是帮助学生把书本和讲座的材料变成图画形象，让学生闭上眼睛想象他们学习的东西，让学生在他们脑子里创造他们自己的"内心黑板"，当被问到任何一部分特殊信息时，学生只需要调出他们的黑板"看看"上面的数据就行了。肢体运作教学方法，主要有肢体回答、表演话剧、编排木偶戏等，通过身体或手势动作来表达学生的观念，为学生提供动手操作的机会。自我省思智能教学法，给学生一分钟反应时间，给学生对新知识进行消化或联系生活实际的机会，同时给学生一个缓冲机会，让他们随时保持注意力集中，为将要进行的活动做好准备。自我省思能力强的学生的特点是有能力为自己制定现实的目标，教育者应该给学生制定目标提供机会，想方设法帮助他们为一生做好准备。阿姆斯特朗提出三种人的智能发展的相关因素：个人天资（先天及后天）、个人成长经历、文化历史背景。这三种因素相互作用。

（三）多元智能观下的评价体系

传统的课程评价观是以学生掌握多少知识和取得什么样成绩为核心的，新课程实施后应把形成性评价、发展性评价和终结性评价结合起来，在实践中应从以下几方面进行评价：

①在自主学习和合作学习过程中，学生所表现出来的主动性、积极性、投入性、团结协作精神和创新能力。

②学习过程中，学生的情感态度和价值观的变化情况。

③在学习过程中，学生对身边事物、社会现实体现出的关注度。

④在学习中各种能力的发展情况，比如，表达能力、想象能力、动手能力、思维能力、自学能力、创新能力等。

⑤在学习中以及课后自我学习中积累的资料成果，比如，完成教师发的学案，制作的上课时需要用到的学具，绘制的图表（在统计中需要得更多），完成的家庭作业、期中、期末考试等。

⑥从学生成绩的横向、纵向对比看学生的进步情况。

平时的课堂教学是学生学习过程中最重要的组成部分之一，融入多元智能理论的评价更重视在情境中真实的评价，这样评价就成为学生自然学习中的一部分。对学生数学学习活动进行科学评价，其根本功能在于它的发展性，即以评价促进学生学习、以评价促进学生改正、以评价促进教师修改教学过程，通过评价促进学生、教师的未来可持续发展，而这种发展应当是多方面、多角度的。

三、对应用多元智能理论指导数学教学评价的反思

（一）存在的问题

1. 加德纳多元智能理论的提出，得到了社会各界的广泛关注，在心理学界和教育学界都有着强烈的反响。近年来，在我国教育领域内，多元智能理论为教育学理论和教育实践拓展了研究的视野，打开了研究教育的新思路。但是，真正工作于教育前线的一线教师对此理论却知之甚少。

2. 教师要在一节课的时间里关注班级学生的多种智能的体现，受到班级人数的限制，很难顾及所有的学生。

3. 在利用多元智能理论进行数学课堂教学评价时，需要学生、教师、家长都能参与到整个过程中。因为学生的发展要受社会、家庭环境不同的影响，而学生的家庭情况更是天差地别。在整个过程中并没有太多的家长参与教学评价，这一环节被忽视了。

4. 由于要注意学生的"多元智能"，所以在整个评价过程中学生对所学知识甚至会产生错误的理解，教师如果仍然采用片面的评价，容易造成学生所学基本知识不扎实的后果。

5. 在现行的教育体制下，很难依靠个人的力量改变现行的教育评价方式。所以研究结果并不会被应用于对学生的最终评价。虽然笔者也在不断尝试，但是效果可能并不如预期好。

（二）体会

因材施教是中华民族代代相传的教育瑰宝中一个颇具特色的教育理论。它是孔子

在春秋时期提出的,后又被我国历代的教育家所继承、发展。至今,因材施教仍被奉为教育方面的典范,更多时候因材施教成为教师必须掌握的教学原则。在学习多元智能理论的过程中,笔者发现这两者有很多共同之处。多元智能理论的一个非常重要的价值在于,其告诉我们学生的智力在横向结构上的不同,我们既要纵向来看学生,也要横向比较学生的进步,也可以说,它不是说单纯水平上有差异,更重要的是,我们看到不同的孩子是有不同的智能结构的差异的。正所谓:资源如果放错了地方就是垃圾,如果垃圾放对了地方,那这就是我们所需要的资源。学生的智能很多时候也是这样的,就是如果你以平常的眼光来看,他可能是一无是处的,甚至你觉得完全没有必要去花费精力培养、发展这样的智能,但是只要你能调整心态,尝试换一种眼光去看,可能这就是非常有价值的。

教师想要对学生的个别差异做到扬长补短,可以通过因材施教来认识到孩子不同的学习方式可能体现着不同的智能。你要想办法把学生的优势智能引导到他的学习当中,促进他这些优势智能的发展,带动他弱势的智能一起发展,从而达成学业的进步。当你限制学生这些方面的发展的时候,学生那些弱势智能并不能变成强势。

综上所述,按照多元智能理论,我们每一个人身上都有智慧的潜能,我们每个人都有这九种智能,只不过不同智能的组合出现在不同的人身上,有的人可能某些方面是强项,某些方面是弱项,某些方面有优势,有些方面又存在劣势。我们大家可能都非常清楚人与人的智力是有差异的。而智能的不同并不代表智力的差异,我们每一个孩子的认知风格和学习风格也是有差异的。在心理学上,认知风格的差异不同,并没有好坏之分。作为教师,怎样去利用这样的不同,帮助学生争取最大的进步,让学生能持续、有效地发展才是最重要的。

从传统的一元智能、二元智能到加德纳提出的多元智能理论的发展,无疑标志着人类智能研究领域的一场革命。

第二节 发展性教学评价在数学教学中的展现

一、发展性教学评价的内涵界定

(一)发展性教学评价的含义

教学评价是依据一定的价值取向,对教学过程的各种现象和结果进行价值判断的过程。发展性教学评价是在以人为本的思想指导下的教学评价,是着力于促进人的完美和发展,并以人格建构和智慧生成作为评价的最终目的的教学评价。发展性教学评价是一种重视教学过程的形成性教学评价,它针对以分等奖惩为目的的终结性评价而提出来,主张面向未来、面向评价对象的发展,强调对评价对象人格的尊重。原始意义上的形成性评价强调对工作的改进,而发展性教学评价强调对评价对象人格的尊重,强调人的发展。发展性教学评价主张评价者必须改变高高在上的姿态，从对评价对象冷冰冰的审视和裁判转向协商和讨论式的沟通和交流，从对评价者被动接受检查转向多主体参与的互动过程。

（二）发展性教学评价的特征及原则

1. 发展性教学评价的特征

发展性教学评价是一种以促进学生全面发展为主要宗旨的教学评价，它针对以分等奖惩为目的的终结性评价的弊端而提出来，主张面向未来、面向评价对象的发展。发展性教学评价共有八个主要特征：

（1）发展性教学评价基于一定的培养目标，并在实施中制定明确的阶段性发展目标

实施教学评价首先要有一个评价目标，只有有了评价目标，才能确定评价的内容和方法。学生的发展也需要目标，这个目标是学生发展的方向和依据。在传统教育评价中，这两个目标常常出现相背离的情况。而发展性教学评价强调这两个目标的一致性，强调评价目标应基于一定的培养目标。

（2）发展性教学评价根本目的是促进学生达到目标，而不是检查和评比

发展性教学评价所追求的不是给学生下一个精确的结论，更不是给学生一个等级或分数并与他人比较，而是要通过对学生过去和现在状态的了解，分析学生存在的优势和不足，并在此基础上提出具体的改进建议，促进学生相关能力水平的提高，逐步达到基础教育培养目标的要求。

（3）发展性教学评价更加注重过程

发展性教学评价强调在学生发展过程中对学生发展全过程的不断关注，而不只是在学生发展过程结束时对学生发展的结果进行评价。它既重视学生的现在，也要考虑学生的过去，更着眼于学生的未来，因此，发展性教学评价重视形成性评价的作用，强调通过在学生发展的各个环节具体关注学生的发展来促进学生的发展。比如，对课堂教学的评价，教学目标、教学结果和教案中规定的教学内容、按教案设计预先确定的教学程序、结构、教学方式方法等，都是按计划进行的教学行为，属于常态的、静态的因素。而课堂教学面对的是有丰富情感和个性的人，是情感、经验的交流，也是合作和碰撞的过程，在这一过程中，不仅学生的认知、能力在动态变化和发展，而情感的交互作用更具有偶发性和动态性，恰恰这些动态生成因素对课堂效果的影响更大。比如，对于教师提出的问题，学生的回答可能大大超出教师的预想，甚至比教师预想中更深刻、更丰富。这就要求教师及时把握和利用这些动态生成因素，给予恰当引导和评价。再如，由教师或学生本人自建档案袋进行评价的方式就是重视动态评价的典型案例。

（4）发展性教学评价关注学生发展的全面性

知识与技能、过程与方法、情感态度价值观等各个方面都是发展性教学评价的内容，并且受到同等的重视。在数学课程标准中规定，在评价学生掌握数学技能的程度

和水平时，评价的重点不在于检查学生记忆的准确性和使用方法的熟练程度，而在于考查学生观测、调查、实验、讨论、解决问题等活动的质量，学生在活动中表现出来的兴趣、好奇心、投入程度、合作态度、意志、毅力和探索精神，学生在数学学习中所形成的热爱祖国的情感和行为、关心和爱护人类的意识和行为、对社会的责任感，以及学生对数学学习与现实生活的密切联系和数学的应用价值的深刻体会。

（5）发展性教学评价倡导评价方法的多元化

发展性教学评价要改变单纯通过书面测验和考试检查学生对知识、技能掌握的情况，倡导运用多种评价方法、评价手段和评价工具综合评价学生在情感、态度、价值观、创新意识和实践能力等方面的进步和变化。这意味着，评价学生将不再只有一把"尺子"，而是多把"尺子"，教育评价"一卷定高低"的局面将被打破。实践证明，多一把"尺子"就多一批好学生。只有实现评价方式的多元化，才能使每个学生都有机会成为优秀者，才能促进学生综合素质的全面发展。

（6）发展性教学评价强调个性化和差异性评价

学生的差异不仅表现在学业成绩的差异上，还表现在生理特点、心理特点、动机兴趣、爱好特长等各个方面。这使得每一个学生的发展目标以及发展速度和轨迹都呈现出一定的独特性。发展性教学评价正是强调要关注学生的个别差异，建立"因材施教"的评价体系。每一位学生都是不同的个体，不同的个体要用不同的方法来对待。承认学生的差异，相信孩子的潜能，找准原因，就能对症下药。只要下对了"药"，学生就会正确发展。

（7）发展性教学评价强调用定性评价去统整和取代定量评价

发展性教学评价着力于对人的内在情感、意志、态度的激发，着力于促进人的完美和发展，是在"以人为本"的思想指导下进行的教学评价。发展性教学评价更加强调个性化和差异性评价。发展性教学评价在重视指标量化的同时更加关注不能直接量化的指标在评价中的作用，强调用定性评价去统整和取代定量评价。发展性教学评价的观点认为：过于强调细化和量化指标，往往忽视了情感、态度和其他一些无法量化而对评价对象的发展影响较大的因素的作用。

（8）发展性教学评价注重学生本人在评价中的作用

传统的教育评价，片面强调和追求学业成绩的精确化和客观化，忽视了学生的主体性，往往使学生的自评变得无足轻重。发展性教学评价试图改变过去学生一味被动接受评判的状况，发挥学生在评价中的主体作用。具体说，在制定评价内容和评价标准时，教师应更多地听取学生的意见；在评价资料的收集中，学生应发挥更积极的作用；在得出评价结论时，教师也应鼓励学生积极开展自评和互评，通过"协商"达成评价结论；在反馈评价信息时，教师更要与学生密切合作，共同制定改进措施。总之，通过学生对评价过程的全面参与，评价过程成为促进学生反思、加强评价与教学相结合的过程，成为学生自我认识、自我评价、自我激励、自我调整等自我教育能力不断提高的过程，成为学生与人合作的意识不断增强的过程。

2. 发展性教学评价的原则

发展性教学评价的原则是实施教学评价活动的基本准则，是教学评价活动基本规律的反映，是人们对教学评价活动规律的认识与教学评估活动客观实际的统一，是教学评价活动顺利开展的根本保证。总的来说，发展性教学评价的原则主要分为以下几个方面：

（1）评价方式的多样化

形成性评价与终结性评价结合，形成全程评价；静态评价与动态评价结合，促使学生自我完善；定量评价与定性评价结合，全貌显示评价结果；师评、自评、家庭评、社区评结合，多元主体全方位参与评价。

（2）评价内容的全面性

在评价活动中人们的价值标准是多元的，不应只从单一的标准去评价。对学生的评价应该包括对学生素质结构的各组成部分的评价及其整体发展水平的评价。

（3）评价结果的激励性

评价结果是否有激励性是衡量评价思想是否正确的根本标准。激励性评价是实施素质教育的突破口和重要手段。只有充分运用评价结果，使评价对象看到自己的差距和成绩，注重成败原因的全面分析，才能调动学生的积极性，帮助学生克服自身不足，促使素质教学目标的实现。

（4）在教学评价实践中，必须以科学的理论为指导

坚持两点论、事物普遍联系、事物永恒发展等观点，来把握对学生的评价，全面考查评价学生。从考查学生即时状态入手，着眼于今后的发展，相信学生发展的潜力。积极评价要多于消极评价，发展性评价要多于静止型评价，过程评价要多于终结性评价。用发展的观点进行评价的最终目的是增强学生主动发展的内部动力，形成奋发向上的精神力量，达到素质教育的根本目标。

（三）发展性教学评价的方法

1. 知识技能的评价方法

（1）纸笔测验

测验是数学教育中应用最为广泛的评价方法，它是根据数学教育目标，通过编制试题、组成试卷对学生进行测试，引出学生的数学学习表现，然后按照一定的标准对测试结果加以衡量的一种评价方法。我们要充分发挥考试的教育、教养、发展和导向功能，以发展人的全面素质为出发点，把考试作为一种测量和教育的手段，真正促进素质教育的实施。

从纸笔测验内容来说，要全面考查学生的实际智力和能力水平。而我们的数学考试常常局限于考查学生的数理推理方面，只是偏重于反映学生掌握能够死记硬背的那部分知识的智力，而忽视了学生的创造力、想象力、动手能力、解决实际问题的能力、调节情感的能力等，这就难免出现了考试成绩与实际能力不相符的情况。所以，我们要健全考试的内容，使之与素质教育相配合，实行多样化的、不同角度的、不同内容的考试，尽可能全面考查学生的综合素质。

从纸笔测验的方式来说，要灵活多变，富有针对性和实效性。一是考试与考查相

结合。成绩评定除了期末考试，还可以结合平时考查成绩。平时可以采用各种形式进行一些小型的测试，特别是能力测试，然后都记录在案，作为成绩评定的参考，并以期末考试成绩为主，这样的成绩比较科学。二是闭卷与开卷相结合。闭卷考试偏重于对概念的理解，对理论、方法的掌握和知识本身的综合应用。开卷考试则可偏重于能力的考核，尤其是综合素质水平的考核。三是独立完成与分组讨论完成相结合。分组讨论完成的试题应该是一些综合性的实际问题，有一定难度，也可以只提供一些背景材料，让学生自己提出问题，自己解决。四是考场上完成与考场外完成相结合。除考场上完成常规考试外，也可以布置一些问题和要求，由学生在考场外自己搜集和研究资料，完成任务。

（2）自编试题

让学生自编试题，用以检测学生对知识的理解、掌握和运用程度，这是教师在教学工作中常用的方法之一。自编试题是按一定的方法对知识重新组合的过程。因而是一种创造性学习活动，可以大大提高学生自我评价能力。学生可根据学习或生活经验产生问题，并通过推理或计算去验证它，这样不仅原有的知识得到巩固，激发了学生的学习兴趣，而且使学生学得活、学得扎实，从中也激发出许多创造性的火花。

（3）课堂提问

课堂提问一直都是教师用来检查学生知识技能常用的方法，也是课堂上师生交流最普遍的方式。传统方式的课堂提问会影响学生学习的积极性，影响学生对数学的看法，因而也影响他们的学习。在发展性教学评价中，为了促进学生综合全面地发展，教师要尽量调动全体同学参与，以各种形式提问，以适合水平不同的学生回答。同时，教师应该多使用开放性问题，鼓励多种答案，或者有的问题要求多种解决的方法，以营造讨论的氛围，促进多元化思维，培养学生的创新意识、提高学生的学习兴趣。

2. 数学思考与解决问题的过程方法的评价方法

（1）表现性评价

表现性评价就是让学生通过实际任务来表现知识和技能成就的评价。表现性评价是向学生提供具有一定任务性的、具体的问题情境，在学生完成这一任务的过程中，考查学生各方面的表现，包括对基础知识基本技能的掌握，对实际问题的理解水平以及表现出来的态度与信心，还有用数学知识解决实际问题的能力等。

（2）评语

评语是用简明的评定性语言进行评定的结果。评语可用来补充评分的不足，对于难以用分数反映的问题，可以在评语中反映出来。如学生的特点、兴趣爱好、主要优缺点、今后要注意的事项等，都可用评语表述。评语无固定模式，但针对性强，它是教师、学生可自己根据具体情况进行深入分析后作出的评定。评语力求简明扼要、具体，要避免一般化。

3. 综合评价方法

（1）数学日记

数学日记不仅用于评价学生对知识的理解，而且用于评价学生思维的方式。通过日记的方式，学生可以对所学内容进行总结，他们可以像和自己谈心一样，写出自己在学习数学时的快乐与烦恼。数学日记提供了一个让学生用数学的语言或自己的语言表达数学思想、方法和情感的机会。通过数学日记，学生可以评价自己的能力或反思自己解决问题的策略。教师可以要求学生写一写他们是如何解决某一个问题或记录某一天的问题解决的活动，可以谈谈自己在数学课堂上的活动以及每天在学习过程中遇到的困难及解决方法等。

（2）成长记录袋

成长记录袋是收集了学生一学年或一学期作品样本的文件夹。成长记录袋中收集的学生作品样本展现了学生在某个或某些领域的学习产品、过程和进步。在评价学生的学习过程时，可以采取建立成长记录袋的方式，以反映学生学习数学的进步历程，增加他们学好数学的信心。通过成长记录袋的形式，不仅有助于我们收集到学生各方面的信息，保证评价的全面性和科学性，使更多的学生获得成功的体验。教师可以引导学生自己在成长记录袋中收录反映学习进步的重要资料，如自己特有的解题方法，最满意的作业，印象最深的学习体验，探究性活动的记录，发现的日常生活中的数学问题，对解决问题的反思，单元知识总结，最喜欢的一本数学书，自我评价与他人评价，等等。另外，成长记录袋还可以收集学期开始、学期中、学期末三个阶段的学习资料，材料要真实。这样可以使学生感受到自己的不断成长与进步，这有利于培养学生的自信心，也为教师全面了解学生的学习状况、改进教学提供重要依据。通过成长记录袋，学生能够认识到自己是学习的主人，从而以更强的责任感投入自己的学习中。

（四）发展性教学评价的工具

在教学实践中，我们可以利用评价量表对学生进行发展性综合评价。一张评价量表是一组包括 3~6 个分值点的测量向度，并列出了各测量向度的各分值点所对应的表现或成果的资料表，用于评定学生的某个表现出现的概率或表现行为的特质。评价量表可以帮助教师在评分时始终把握统一的评分标准。

1. 评价量表的设计

在设计评价量表时，我们应设计出一定的指标体系，这样才能有的放矢地对学生进行评价。一般来说，教学评价的指标体系大致由权重系统和评价标准系统等构成。

（1）权重系统

权重是表示某一项指标在评价指标体系中重要程度的量数，是指标体系的重要组成部分。加重权数是指指标等级标准值。如用大师、专家、典范、学徒和新手五个等级表示评价对象达到评价标准的程度，设大师的评价标准值为 5，其他等级依次为 4、3、2、1。

（2）评价标准系统

评价标准系统是衡量评价对象达到末级指标程度的量数。在学习有关内容之前，学生就应清楚评价量表的内容，尤其是其中的标准，有时学生还参与这些标准的开发。关于如何开发出一项任务的标准，Hcidi 对评价量表的设计建议了 5 个步骤，分别如下。

①决定评价的重点。

②描述与任务相关的知识、技能和过程。

③描述成功完成任务的具体的、可观察的行动和过程。

④决定表现程度对该任务来说是合适的。

⑤运用问题和评论来修改评价量表。

在设计评价量表时，一定要注意对标准的描述必须是具体的、清晰的，尽量避免使用模糊的词语。因为模糊的词语在不同的人看来有不同的含义。具体的标准能够使学生清楚知道自己对学习结果的期望，这样，在学习的过程中，他们便可以自觉地运用这些标准对自己的学习或活动进行评价，以不断调整自己的行为，从而达到标准的要求。

评价内容一般是根据目标来确定的，是目标的具体化。课程标准中数学学习评价的内容为以下四个方面：知识与技能、数学思考、解决问题、情感与态度。课程标准在总体目标中对这四个方面提出了学生数学学习的具体要求，这些具体要求既是学习目标，又是评价内容和标准。

2. 使用评价量表进行评价的原则

（1）引起学生的反思

评价不应该单独出现，它应该与教学过程与研究目标等紧密地结合在一起。评价量表应当努力表现出转变的作用和激励学生的作用，使学生在学习过程中明确自己的评价标准、明确自己的目标，对学习有重要的引导作用。

（2）评价量表要逐步转向学生自己制定评价量表进行自我评价

评价量表的制定主要依据本次学习主题、活动目标、过程监控以及此次评价的主要方向等。评价者可以是教师，可以是学生，可以是一个学习小组，也可以是家长等。

（3）评价量表的使用应使评价内容丰富和灵活化

使用评价量表评价的内容通常要涉及参与研究活动的态度，在研究活动中所获得的体验情况、学习和研究的方法、技能掌握情况、学生创新精神和实践能力的发展情况等方面。

（4）评价量表的使用应使评价手段、方法多样化

评价量表的评价可以采取教师评价与学生自评、互评相结合，对小组的评价与对组内个人的评价相结合，对书面材料的评价与对学生口头报告、活动、展示的评价相结合，定性评价与定量评价相结合、以定性评价为主等做法。

二、发展性教学评价在高校数学中的应用

发展性教学评价是一项系统工作，必须具有综合设计的意识，要全面考虑评价的目的和功能、评价的内容和目标、评价的方式和方法、评价工具、评价的组织实施、评价的标准和指标以及评价结果的呈现、分析及反馈方式等方面。

任何一项评价工作都要明确为什么评，由谁来评，评什么，怎样评这四个问题。为什么评即评价的直接目的是什么。这是任何一次评价工作在开展之前必须首先明确

的问题。不同目的决定的评价，显然在组织、内容及方法上都是不相同的。比如，如果评价的主要目的是要挑选出成绩好的学生参加竞赛，那么评价的所有要素就要围绕着选拔，而如果评价的主要目的是要最终促进学生的全面发展，评价的内容就大大不同了，任何评价要素都要从促进学生发展的角度去考虑。接下来，就是要解决由谁来评的问题。在发展性教学评价中，强调评价主体的多元性。教师、学生、社团都是评价的主体，其中尤其强调被评对象的自我评价。这种多元化的评价主体，有利于形成教育的合力，使学生更能清楚地认识自己，从而不断调整学习方法，有利于最终促进学生的全面发展。然后是要确定评什么的问题，即对被评对象做全面的评价，还是做某一方面的评价，是评这些因素还是那些因素的问题。在影响学生发展的诸因素当中，有些因素是至关重要的，不对这些因素做出评价，则评价就会失去实际意义；有些因素是次要的，忽略它们，对评价的结果不会有很大的影响。因而，不同目的的评价应主要抓住不同的方面。这一问题不解决，评价就无法进行。确定了评价内容，最后还要解决怎样评的问题，也就是具体采用什么样的方法来进行评价，这也是评价的一个关键环节，这个问题不解决好，前面的工作就前功尽弃了。可见这些要素是一环扣一环的。要想加强评价工作的质量，我们就必须将这些要素加以有效整合，在不同时间、地点充分利用它们。

（一）对不同类型的数学学习目标的评价

根据相关要求，对学生数学学习目标的评价，既要关注学生知识与技能的理解和掌握情况，更要关注他们情感态度的形成和发展；既要关注学生数学学习的结果，更要关注他们在学习过程中的变化和发展。评价应注重学生发展的进程，强调学生个体过去与现在的比较，评价使学生真正体验到自己的进步。在具体实施对学生数学学习的评价中，要注意以下几个问题：

1. 注重对学生数学学习过程的评价

学生的数学知识与技能，发现问题、提出问题与解决问题的能力，积极的情感态度与价值观等都是在学生的数学学习过程中逐渐形成的。发展性教学评价要突出发展、变化的过程，关注学生的主观能动性，关注学生的发展与变化，不仅重视学生的探究结论，更要关注学生得出结论的过程。评价既是一种评估，也应是一种激励。通过我们的评价，学生体验到成功的欢愉，从而促进每一个学生的发展。所以，发展性课堂教学过程应该具备如下特征：

（1）创设情境，激发学生主动参与

上课以后，教师要营造求知、探究的环境和氛围，激发学生探求真知的愿望和热情，激活学生主动参与的积极性。

（2）提出问题，引发学生主动探究

应当把学生自主学习作为一种主要策略。培养学生的自主探究能力，是我们数学课堂教学应承担的任务。所以提出问题，引发学生主动探究，是我们发展性课堂教学必须经过的重要环节，是学生亲历探究过程的中介和桥梁。提出问题应该有三种主要方式：一是教师提出问题；二是教师提出问题，由学生筛选和确定问题；三是学生提出问题。从研究性学习的角度讲，教师提出问题，是培养学生提出问题的第一阶段。通过教师提出问题的示范，指导和培养学生学会"提出什么样的问题"和"怎样提出问题"。教师提出问题，由学生筛选和确定问题是培养的第二阶段。一般是教师提出几个可供研究的问题，由学生从中筛选出自己能够研究的问题和确定自己研究的问题。由学生自行提出问题，完成问题的筛选和问题的确定是培养的第三阶段。

（3）生生互动，培养学生合作学习

合作学习是实施发展性课堂教学的基本策略，生生互动是合作学习的主要特征。生生互动主要是指小组内部、小组之间的学生间的相互合作、相互协调、相互交流、相互补充、相互学习。合作学习的实施中，应该注意以下策略：

①树立新型的课堂教学交往观。在传统的课堂教学中，只有师生间的交往和师生互动。对学生而言，同学之间由于年龄、阅历、知识水平、学习能力等大致在同一水平，他们之间的交往不存在像师生交往那样的代沟，相对来讲是平等的、自然的、随意的，相互之间更易于接近、交流和沟通，因此，在发展性课堂教学中，更加强调生生互动。

②采用多种形式进行合作学习。根据教学内容上的差异，在具体实施上有不同的方法，如讨论法、观察法、实验法、制作法、调查法、信息搜集法等，这些方法往往不是单一进行的，可以综合或穿插使用。

③与其他教学形式有效配合。任何一种教学策略都是与特定的教学目标、教学内容、学生状况相联系的，不存在一种适合所有教学情境的万能方式。不是所有的教学内容都适宜合作学习的方式，合作学习不排斥必要的讲授，不排斥学生的独立思考、质疑和学生的个性发展。

2. 恰当地评价学生对基础知识和基本技能的理解和掌握

实施新课程后，基础知识与基本技能仍是学生学习的重点。对基础知识和基本技能的评价，应遵循课程标准的新理念，考查学生对基础知识和基本技能的理解和掌握程度，更重要的是评价学生是否真正理解这些知识和技能背后所隐含的数学意义。评价时应将学段目标作为这一学段结束时学生应达到的目标来评价，应允许一部分学生经过一段时间的努力，随着知识与技能的积累逐步达到目标的要求。如对一些运算技能掌握情况的评价，多数学生可能在单元或学期结束时达到规定的程度，有些学生可能要经过一段时间的学习才能达到这一水平。评价方法要恰当，可采用纸笔测验、课堂提问、作业等方法进行评价，提倡在具体的情境中或解决综合性的问题中，考查学生理解概念的水平和运用技能的程度。

（1）对数学知识理解的评价

对数学概念，以往的评价主要集中测验学生是否记住一个概念，或从几个选项中选择出一个有关这个概念的正确例子，或者在几个概念之间区别出符合条件的某个概念。但是对概念的理解还不止这些，对概念的真正理解是学生能够自己举出有关这一概念的正例和反例，能够在几个概念之间比较它们的异同，学生还能够将概念从文字的表述转换成符号的、图像的或口头的描述。实际上，大多数学生学习概念的最好途径是动手操作、画图或应用，而不是从一个定义开始。因为概念的形成是需要经历一段时间的，它需要学生将这一概念与其他概念、事实和原理相联系，以形成一个复杂的、彼此相连的概念网络，因此评价的题目必须设计得非常全面，以了解学生对基础知识的理解和掌握程度。

（2）对数学技能掌握的评价

传统的教学和考试都集中考查技能的应用，却很少评价学生是否理解了隐含在技能应用中的各概念之间复杂的关系，更少评价在数学思考过程中看不见的解题策略的使用情况。新课程强调，对技能的评价不只是考查学生对技能的熟练程度，还要考查学生对相关概念的理解和掌握以及不同的解题策略的运用。评价技能是否掌握的试题既要考查学生实际执行这些技能的情况，又要考查学生是否能正确思考在什么情况下应该使用哪个规则。比如，估算是一个与计算技能联系在一起的重要技能，学生必须知道各种估算的方法，知道什么时候应该用到估算，以及为什么估算能解决问题。

3. 重视对数学思考与解决问题能力的评价

重视培养学生的数学思考与解决问题能力，使学生在学习数、图形和统计等的过程中，增强数感、空间观念和统计能力，初步学会多角度提出问题、理解问题，并能综合运用所学知识和技能解决问题，体验解决问题策略的多样性。

对学习过程与方法的评价，我们可以用表现性评价。表现性评价对学生评定的任务应该解释学生是如何解决问题的，而不仅仅针对他们得出的结论，同时要注意利用观察法、问卷调查法来评价学生在学习过程中的表现，给予定性评价。表现性评价可以反映学习的不同水平，分析学生解决问题的过程与策略，展示学生独特的方法与能力。

4. 关注学生数学学习中情感与态度发展的评价

在学生的学习生活中，非智力因素的重要作用已被越来越多的数学教学工作者所认识。作为情感领域数学教学目标所涉及的需要、兴趣、动机、情感、意志、性格等非智力因素，虽然不直接参加对数学知识的认知过程，但它们作为学习的动力系统，却制约着学习的积极性。学生的学习成就，实际上是学生的智力因素与非智力因素相互作用的产物，因此，当学生数学学习发生困难时，并不一定是由于学习的知识基础或能力水平等方面，而有可能是非智力因素方面的原因。情感态度是贯穿于学生整个学习过程中的，发展性教学评价强调在适当的机会和场合利用访谈法、观察法、调查问卷法以及个案调查法对学生进行评价。对学生进行评价时，应着重强调他每次学习的进步，进一步激发和巩固其兴趣。

（二）发展性教学评价课时评价方案的设计

1. 学习专题

在学习每节课之前，学生必须明确这节课学习的主要专题是什么。学习专题可以提问的形式提出来，以提高学生的学习兴趣。

2. 知识基础

知识基础主要是指在学习这节课之前，学生需要哪些知识作为基础。

3. 教学目标

教学目标是预期的学生学习的结果。教学是以教学目标为定向的活动，教学目标引导和制约着教学设计的方向。在教学设计开始时，教师必须明确学生学习结果的类型及其学习水平，并以清晰的语言陈述教学目标。

4. 任务讨论

学生在学习本节课之前，学生还应明确本节课应完成的主要任务，主要包括课堂讨论和课后作业两部分。

5. 评价方法

纸笔测验、表现性评价、课堂提问、观察法、数学日记、成长记录袋。

6. 评价方式

在课程内容结束时，我们采取自评和他评相结合的方式，分为自评、小组评和教师综合评定三个步骤。

参考文献

[1] 孙静波，蔡钶金，李龙. 高校数学教学模式与创新策略 [M]. 长春：吉林出版集团股份有限公司，2023.

[2] 赵培勇. 高校数学教学方法发展与创新研究 [M]. 延吉：延边大学出版社，2022.

[3] 于晓要，李娜，杨召. 高校数学教学模式构建与改革研究 [M]. 长春：吉林出版集团股份有限公司，2021.

[4] 何聚厚. 高校教学模式创新与实践研究 [M]. 西安：陕西师范大学出版总社，2021.

[5] 欧阳正勇. 高校数学教学与模式创新 [M]. 北京：九州出版社，2019.

[6] 范爱琴，吴娟. 高校数学教学探索与实践 [M]. 长春：吉林出版集团股份有限公司，2019.

[7] 崔丽丽. 高校数学教学与通识教育 [M]. 哈尔滨：东北林业大学出版社，2019.

[8] 王龙. 高校数学教学与数学应用研究 [M]. 长春：吉林出版集团股份有限公司，2019.

[9] 杨合松. 高校数学教学模式与创新性研究 [M]. 延吉：延边大学出版社，2019.

[10] 黄冠霖. 高校数学教学培养学生数学应用能力探究 [J]. 科学咨询，2023 (4)：92 - 94.

[11] 高晓娟. 基于创新能力培养的高校数学教学改革路径 [J]. 教育教学论坛，2023 (5)：70 - 73.

[12] 何静瑜. 高校数学教学中学生数据分析能力的培养 [J]. 成才，2023 (14)：103 - 104.

[13] 李婷. 高校数学教学的多维性 [J]. 中国校外教育，2024 (3)：99.

[14] 王小斌. 高校数学教学中培养学生数学应用能力的思考 [J]. 数学学习与研究，2023 (16)：5 - 7.

[15] 陈文平，马汉凤，黄云飞，等. 新媒体环境下的高校数学教学模式创新探究 [J]. 数学学习与研究，2022，(29)：20 - 22.

[16] 石玉敏. 数学文化在高校数学教学中的应用研究 [J]. 科教导刊，2022 (8)：217 - 219.

[17] 王海鸥. 现代教育信息技术与高校数学教学的整合研究 [J]. 新教育时代电子杂志，2022，(12)：169 - 171.

[18] 李有连. 基于创新能力培养的高校数学教学改革探索 [J]. 吕梁教育学院学报，2022(4)：146 - 148.

[19] 刘长亮. 基于创新能力培养的高校数学教学改革探索 [J]. 产业与科技论坛，2022(16)：182 - 183.

[20] 曾俊泰，刘宇晴. 高校数学教学中数学建模思想策略的探讨 [J]. 山西青年，2022(2)：82 - 84.

[21] 赵春红. 高校数学教学与现代信息技术的融合 [J]. 教育科学，2022(1)：210 - 212.

[22] 吴璋. 探析高校数学教学改革的问题及对策 [J]. 山西青年，2021(23)：152 - 153.

[23] 汪印春. 高校数学教学中数学建模思想方法的研究 [J]. 科学咨询，2021(29)：269.

[24] 孙洪维. 高校数学教学中数学文化重要性的相关分析 [J]. 数学学习与研究，2021（25）：12 – 13.

[25] 姜海艳. 多媒体在高校数学教学中的应用探微 [J]. 科技视界，2021（20）：45 – 46.

[26] 李晓辉. 基于"互联网＋"视角下的高校数学教学策略探究 [J]. 山西青年，2021（12）：61 – 62.

[27] 余航. 高校数学教学中微课的应用探讨 [J]. 科技视界，2021（29）：35 – 36.

[28] 张杰华. 高校数学教学培养学生数学应用能力的对策 [J]. 环球市场，2020（32）：285.

[29] 钟良杰. 高校数学教学培养学生数学应用能力的方式探讨 [J]. 中国校外教育，2020（15）：69 – 71.

[30] 冯秋芬，潘红艳. 高校数学教学中渗透数学文化教育的思考 [J]. 公关世界，2020（8）：95 – 97.

[31] 张晓梅. 新课改背景下高校数学教学模式的研究 [J]. 中国校外教育，2020（3）：71 – 72.

[32] 白黎. 高校数学教学内容改革探讨 [J]. 开封教育学院学报，2020（1）：123 – 124.

[33] 安佳奕. 翻转课堂教学模式在高校数学教学中的应用探析 [J]. 科技风，2020（16）：54.

[34] 李静，白林. 高校数学教学与现代教育信息技术的结合 [J]. 新教育时代电子杂志，2020（20）：158 – 175.

[35] 陈孟泽. 现代教学理念导向下的高校数学教学创新探索 [J]. 大科技，2020（15）：41.

[36] 杨轶. 高校数学教学中"翻转课堂"教学模式分析 [J]. 科技创新导报，2020（12）：203 – 205.